Désiré Kraffa

Interaction Covid-19

LES ÉDITIONS DU NET
126, rue du Landy 93400 St Ouen

ISBN : 978-2-312-07631-7

Interaction Covid-19

« Comme souvent, il demeurera à l'humain de prendre acte de cette pandémie et de réagir au mieux pour un partage plus juste de la vie sur Terre ».

(MonGR – mars 2020)

AVANT-PROPOS

Ce n'est pas une fiction. Le Covid19 a pris le temps de bien nous étudier… il a muté de l'animal à l'homme. Sa capacité de nuisance est révélatrice de ce qu'il impose à notre société, la distanciation forcée. C'est le seul moyen de quantifier ce mal étrange venu d'Asie qui décime aléatoirement la population mondiale quel que soit notre lieu de vie, ignorant notre statut social. En attendant la découverte d'un vaccin salvateur, les gestes barrières sont les seules options pour ne pas être atteint par le Covid19. Notre société est régie par la capacité de ses acteurs à s'interagir entre eux. Cette organisation comporte ses propres codes.

Tout a commencé en Chine. Des morts suspectes ont alerté le docteur Li Wenliang qui s'empressa d'alerter à son tour le monde entier. Il n'avait pas tort. Ce qui tuait ses compatriotes est bien pire ! C'est un redoutable virus qui s'attaque aux voies respiratoires des humains. Début décembre 2019, avec sept autres confrères le médecin Li Wenliang a tenté d'alerter le gouvernement chinois sur l'imminence d'une possible épidémie du type SRAS (syndrome respiratoire aigu sévère) à

Wuhan, au centre du pays. Mais au lieu de louer sa veille, lui et ses collègues ont été réprimés et accusés de répandre des rumeurs fausses. Le nombre de morts toujours croissant a fini par faire comprendre aux autorités ne chinoise qu'il fallait réagir de manière drastique : le confinement a été la solution choisie et le port de masques.

Le monde entier regardait la Chine sans se rendre compte que ce virus allait finir par se répandre dans le monde entier. Dès lors la Chine était un miroir dans notre espace-temps : ce qui se déroulait là-bas devait être imité pour se prémunir du Covid19. Le confinement si nécessaire et surtout maintenu la distanciation sociale le port du masque et les gestes barrières, en attendant le vaccin.

RACISME ORDINAIRE

Cette augmentation du nombre de personnes contaminées va de pair avec une autre hausse, celle des amalgames et « blagues » racistes envers les communautés asiatiques. Lundi 27 janvier, l'hashtag #JeNeSuisPasUnVirus a notamment été lancé sur les réseaux sociaux pour dénoncer le racisme anti-Asiatiques croissant depuis le début de l'épidémie. Relayé par la réalisatrice Amandine Gay, un message en particulier, posté sur Twitter, dénonce ce racisme. Il a été écrit de manière anonyme, la personne à l'origine de celui-ci craignant le harcèlement.

La crise sanitaire du coronavirus entraîne dans son sillage une libération de la parole raciste dans les médias et sur les réseaux sociaux », écrit-elle dans ce texte déjà partagé plus de 1600 fois sur Twitter. « Beaucoup de personnes utilisent de manière indifférenciée « chinois » pour « Asiatiques', mettant de côté toutes les nationalités et diversités culturelles, ethniques, etc., qui composent ce continent. Faut-il rappeler que l'Asie est un continent et non un pays ? », s'interroge-t-elle. Contactée par Le Huff Post, je souhaite préserver son anonymat) explique avoir écrit ce message dimanche 26 au soir afin de

« sensibiliser sur la question du racisme décomplexé qui a lieu en ce moment ». Cette femme adoptée, d'origine coréenne, a partagé son message au sein de plusieurs groupes de communautés asiatiques. « Je pestais de voir tous les jours ces témoignages de violences, d'attitudes racistes », souligne-t-elle.

Très vite, le message a circulé sur les réseaux sociaux, ce qu'elle n'avait pas du tout anticipé. Si elle n'a pas été directement faite l'objet d'attaques, d'insultes ou d'attitudes racistes en lien avec la médiatisation du coronavirus, elle constate qu'une sorte de « paranoïa » s'est emparée d'elle à force de lire tous ces témoignages. « Je remarque que je fais attention à ne pas tousser. Par exemple, samedi soir je suis sortie dans un bar, j'étais un peu patraque, j'avais peur que les gens s'éloignent ou me regardent bizarrement », regrette-t-elle.

J'emploie le terme « asiatiquetés » pour montrer l'amalgame qui est fait entre les Chinois et tous les Asiatiques avec l'épidémie du coronavirus. Mai Lam Nguyen-Conan, spécialiste des questions interculturelles, a elle aussi constaté cette confusion entre les Chinois et tous les Asiatiques. Même si elle n'a elle-même pas subi de rejet ou de réactions violentes depuis le début de l'épidémie du coronavirus, elle remarque que « comme il y a beaucoup de touristes chinois à Paris, on me confond souvent avec eux et on me parle anglais », souligne-t-elle auprès du Huff Post. Mai Lam Nguyen-Conan est d'origine vietnamienne.

Comme elle, Grace Ly, franco-chinoise et coanimatrice du podcast « kiffe ta race », contactée par Le Huff Post, a d'abord pris connaissance, vendredi 24 janvier, de la chronique de Nicolas Canteloup sur Europe 1. « Nems en ligne sur le trottoir », « tapette à Chinois », tout y passe.

Pour grace Ly, il s'agit d'« incitation à la haine anti-asiatique (…) C'est hilarant des villes en quarantaine, des personnes isolées, des morts ?! », écrit-elle sur Twitter.

Les médias peuvent contribuer à ces discriminations et nourrir un imaginaire collectif », estime-t-elle, contactée par Le Huff post. Pour elle, l'image de la Chine est déjà plutôt négative en France et le coronavirus « va y participer ». « C'est l'idée que là-bas, ce sont des barbares, qu'ils ne savent pas gérer leurs crises sanitaires », regrette-t-elle. « C'est du « China bashing ». »

Autre exemple : dimanche 26 janvier, le quotidien régional Courrier Picard publiait en titre d'une « Alerte jaune », ainsi qu'un éditorial intitulé « Le péril jaune ». Un choix éditorial immédiatement critiqué et jugé raciste par de nombreuses personnes.

À tel point que le quotidien a présenté ses excuses « à tous ceux qui ont pu être sincèrement choqués ». Il explique avoir voulu « relativiser justement l'éventuelle panique irrationnelle pouvant se répandre après l'apparition des premiers cas en France ».

Mais un simple coup d'œil sur les réseaux sociaux permet de constater l'ampleur des dégâts. « Blagues » envers les « chintok », qui mangent des chauves-souris, voire des ordures, qui sont sales et incapables de gérer leurs problèmes sanitaires, etc. ne cessent de se multiplier.

« Depuis quelques jours je peste quotidiennement devant le déferlement raciste que suscite le traitement médiatique de ce virus », écrit d'ailleurs J. dans son message. Elle liste ensuite quelques exemples du même genre : « des personnes qui se prennent des remarques du type « tu ne portes pas ton masque », une autre qui se fait montrer du doigt par un père de famille qui dit à son enfant, « fais attention au virus chinois ». J'ai pu lire d'autres commentaires décomplexés comme : « ça ne m'étonne pas que ce virus vienne de Chine, il n'y a tellement pas d'hygiène là-bas » « le pire des virus c'est le racisme systémique », conclut-elle.

En parallèle, pour dénoncer des propos haineux, l'hashtag #JeNeSuisPasUnVirus prend lui aussi de plus d'ampleur.

Pour J. l'épidémie du coronavirus n'est que « le révélateur d'un racisme déjà présent », estime-t-elle. « Il a suffi de cette crise pour qu'il éclate au grand jour, il existe mais n'est pas évalué à sa juste mesure. » Mais ce mal est devenu depuis universel même s'il prend source en Asie par la vulgarisation culinaire de tout ce qui respire. Et pendant que le virus se propage par vagues, les mesures prises pour freiner sa course meurtrière sont calqué sur celle de la Chine. Une belle leçon de vie en quelque sorte. Il ne faut jamais rire du malheur des autres.

« Ce n'est pas la fiction, la moitié de l'humanité est actuellement confinée, ce qui relève « littéralement du jamais vu » (Édouard Philipe)

VIRUS MEURTRIER

Le Covid 19 est autant dangereux car il est invisible et nos armes les plus sophistiquées n'y peuvent rien. Nous constatons malgré nous que les États qui se disent puissants sont logés aux mêmes enseignes que les moins puissants. Et nos armements dévastateurs sont désuètes faces aux virus mutants. Et l'humanité tout entière au bord de l'extinction. En date du samedi 28 mars 2020, plus de 3 milliards de personnes étaient confinées à des degrés divers sur une planète balayée par la pandémie due au coronavirus qui a désormais fait plus de 30 000 morts, dont plus de 21 000 uniquement en Europe.

Plus de 640 000 cas d'infection ont été officiellement diagnostiqués dans le monde, dans 183 pays et territoires, depuis la fin décembre 2019, selon un comptage réalisé par l'Agence France-Presse (AFP) à partir de sources officielles. Ces chiffres ne reflètent toutefois qu'une fraction du nombre réel de contaminations, un grand nombre de pays ne testant désormais plus que les cas nécessitant une prise en charge hospitalière.

La progression de la pandémie de coronavirus aux États-Unis, pays du monde comptant le plus grand nombre de cas officiellement déclarés (121 117), s'est accélérée samedi, selon le comptage de l'université Johns Hopkins qui annonce que le nombre de décès depuis le début de la pandémie a dépassé les 2 000. Avec 2 010 morts, le bilan a donc doublé depuis mercredi, lorsqu'il avait franchi la barre des 1 000.

Devenu l'épicentre de la pandémie dans ce pays, l'État de New York, que le président Donald Trump a dit samedi envisager de placer en quarantaine, est de loin le plus concerné, avec plus de 50 000 cas à lui seul. Un bébé de moins de 1 an est par ailleurs décédé du Covid-19, ont annoncé samedi les autorités de l'État de l'Illinois.

Parmi les autres pays particulièrement touchés, la Corée du Sud a fait état, samedi, de 146 nouveaux cas confirmés de contamination (pour un total de 9 478) et cinq décès supplémentaires, portant le total à 144 décès. En Iran, le bilan s'est alourdi de 139 morts en vingt-quatre heures, portant le total à 2 517 morts.

L'Europe, en particulier celle du Sud, est de loin désormais la région la plus touchée par la pandémie avec un total de plus de 20 000 morts. L'épicentre est désormais durablement installé dans le vieux continent, où des mesures de confinement sont en vigueur dans la plupart des pays et où les systèmes hospitaliers peinent à faire face à l'afflux de malades.

L'Italie compte désormais plus de 10 000 morts, après 889 nouveaux décès entre vendredi et samedi. La contagion continue toutefois de ralentir, avec une hausse de 6,9 % du total des cas positifs (92 472), après des hausses de 7,4 % et 8,3 % les deux jours précédents.

Malgré ces signes considérés comme positifs par le personnel soignant, l'Italie devient le pays le plus endeuillé au monde par cette pandémie, avec un tiers des décès recensés dans le monde. Le confinement, qui dure normalement jusqu'au 3 avril, semble promis à être prolongé. « Sans ces mesures, nous nous serions retrouvés dans une situation insoutenable », a reconnu le chef de la Protection civile, Angelo Borelli.

DANGER PROXIMITE

De très nombreux dirigeants politiques à travers le monde sont atteints du Covid-19. L'une des explications possibles est que, de par leur fonction, ils sont amenés à fréquenter davantage de monde que beaucoup d'autres professions. Nous découvrons la virulence de ce microbe dans ce qu'elle touche ses personnalités les plus influentes :

– le célèbre rappeur français MHD a contracté le coronavirus alors qu'il est en prison.

– L'actrice qui joue le rôle de Raquel Murillo dans la série espagnole « La Casa de Papel » à révéler être contaminée par le Covid-19

– Basketteur aux Utah Jazz, le Français Rudy Gobert a été le premier joueur de la NBA à être positif au coronavirus.

– Eva Colas, 23 ans, a été élue Miss Corse en 2017 et est arrivée première dauphine à Miss Français 2018.

– Ce 12 mars, le club d'Arsenal a communiqué le fait que son entraîneur, l'Espagnol Mikel Arteta, était positif au coronavirus.

– Dans la nuit du 13 au 14 mars, Chelsea a annoncé que son milieu de terrain Callum Hudson-Odoi avait le coronavirus.

– Le 9 mars dernier, ADP, gestionnaire des aéroports parisiens, a communiqué le fait que son PDG, Augustin de Romanet était positif au coronavirus

– Tom Hanks a été la première grande star d'Hollywood à révéler être atteinte du coronavirus (il est sorti depuis de l'hôpital)

– Le Premier ministre britannique Boris Johnson, 55 ans, a été testé positif au coronavirus.

– La chanteuse, auteure-compositrice de 19 ans, Charlotte Lawens a été testée positive au coronavirus.

– Le célèbre écrivain Luis Sepúlveda vit au nord de l'Espagne, où il a été touché par le coronavirus. Ses premiers symptômes remontent au 25 février dernier.

– L'acteur vu dans « Thor » ou encore « American Gangster », a annoncé s'être placé en isolement.

– Franck Riester ministre de la culture a été testé positif au coronavirus le lundi 9 mars derniers.

– Défenseur de l'équipe italienne de la Juventus Turin, Daniele Rugani a été dépisté positif au coronavirus.

– L'une des stars de l'équipe de France de football, Blaise Matudi, a été touchée par le covid-19.

– Ce jeudi 12 mars, Sophe Grégoire Trudeau, la femme de Justin Trudeau, Premier ministre du Canada, a été dépistée positive au coronavirus.

– Lenni-kim et sa maman ont malheureusement été testés positifs au coronavirus.

– Brune Poirson, secrétaire d'État à la transition écologique 37 ans, a été testée positive au coronavirus du 14 mars.

– La grande star de l'équipe de basket des Brooklyn Nets a été testé positive au covid-19 avec 2 autres de ses coéquipiers.

– La célèbre chanteuse Allemande qui nous a fait tous danser sur le titre « every Time We Touch », Natalie Horler, a été testée positive au covid-19

– Le célèbre producteur de films incarcéré il y a peu pour viol et agression sexuelle a été transférée à l'hôpital pour douleurs à la poitrine.

– Le détenu âgé de 68 ans a été testé positif au coronavirus.

– Ce dimanche 15 mars, le chanteur, qui est apparu dans les comédies musicales Les Dix Commandements, Le Roi Soleil et Mozart, l'opéra rock a annoncé qu'il avait été testé positif au coronavirus.

– Connu dans son rôle dans Hawaii 5-0, Daniel Dae Kim avait été infecté par le covid-19. Seulement il a réussi à se débarrasser de ce virus en seulement 2 jours !

– le Roi Albert II de Monaco a été infecté, son état de santé n'inquiète pas les médecins.

– Président des républicains et député de Seine-et-Marne, Christian Jacob a été testé positif au coronavirus. Il n'est pas hospitalisé mais il a toutefois été « confiné à son domicile », selon l'AFP.

– L'attaquant argentin Paulo Dybala a été testé positif au coronavirus comme d'autres de ses coéquipiers à la Juventus de Turin.

– Le maire de Nice, Christian Estrosi a expliqué au micro de BFM être positif au coronavirus. Il souffre des « courbatures et de fièvre ».

– La productrice est aujourd'hui guérie du coronavirus. Malgré ça, elle a tenu à expliquer comment elle a vécu cette période intense au micro de RMC

– le personnage de Tormund dans la série planétaire Game of Throne a annoncé avoir été infecté par le covid-19.

– L'actrice Indira Varma A. k. a Ellaria Sand connue pour son rôle d'Ellaria Sand dans Game of Throne a été testée positive au covid-19.

– Michel Boujenah

– Plácido Domingo, le ténor de 79 ans qui a été accusé de harcèlement sexuel par de nombreuses femmes, a été testé positif au Covid-19

– Paul Pogba (footballeur)

– … /.

Musique

Le 24 mars, le grand saxophoniste Manu Dibango est mort à l'âge de 86 ans. Surnommé « papy Groove », il restera dans l'histoire avec son tube world « Soûl Mokossa ». Le 4 avril, une autre légende du jazz est décédée. Ellis Marsalis, pianiste, compositeur et pédagogue de génie est mort à 85 ans à La Nouvelle-Orléans.

Le 30 mars, l'auteur-compositeur Bill Withers est mort à 81 ans. Il a signé de nombreux morceaux d'anthologie, tels que le légendaire Ain't No Sunshine.

Mardi 7 avril, John Prince, légende de du folk américaine, est mort à 73 ans de complications liées au covid-19. Surnommé parfois le « Mark Twain » des paroliers, cité par Bob Dylan comme l'un de ses compositeurs préférés, il s'était, en 50 ans de carrière, forgé l'image d'un maître des mots, spécialiste des ballades mélancoliques.

Cinema

l'acteur Mark Blum connu pour ses rôles dans « Crocodile Dundee » et « recherche Susan désespérément » est décédé à l'âge de 69 ans. Il avait joué récemment dans la série You sur Netflix.

L'acteur britannique Andrew Jack a succombé à la maladie à 79 ans. Il avait joué dans plusieurs films de la saga star Wars.

Littérature

Forcé à l'exil sous la dictature d'Augusto Pinochet, l'écrivain chilien Luis Sepúlveda s'est éteint à l'âge de 70 ans, à Oviedo, en Espagne. Il était l'auteur d'une vingtaine de romans, de nouvelles et d'ouvrages pour enfants, dont le plus célèbre reste « le vieux qui lisait des romans d'amour », paru en 1992.

Dessin

Illustratrice reconnue d'albums jeunesse, Denise Millet est décédée à l'âge de 86 ans. Son petit-fils a annoncé sa mort sur les réseaux sociaux.

Politique

Patrick Devedjian, l'ancien ministre de Jacques Chirac et Nicolas Sarkozy, est mort brutalement dans la nuit du 28 au 29 mars. Ancien président des Hauts-de-Seine, il était une figure de la droite. Une grande partie de la classe politique lui a rendu hommage.

Liliane Marchais, veuve de l'ancien secrétaire général du Parti communiste Georges Marchais, est mort jeudi 9 avril du coronavirus dans un Ehpad, à l'âge de 84 ans, à annoncer l'actuel numéro un du PCF Fabien Roussel.

Sport

Le 31 mars, Pape Diouf s'est éteint à l'âge de 68 ans à Dakar. Ancien président de l'Olympique de Marseille, il était très apprécié par les afficionados de football.

LA RECHERCHE

Depuis la déclaration du premier foyer de contagion du coronavirus en décembre, les scientifiques s'attellent à trouver un traitement efficace. « Il n'y a actuellement pas de traitement spécifique vis-à-vis de ce type d'infection à coronavirus. Le traitement est donc symptomatique », explique le ministère de la Santé.

Actuellement, selon la définition d'un cas donnée par Santé publique France : « les symptômes décrits évoquent principalement une infection respiratoire aiguë (fièvre, toux, essoufflement), mais aussi des difficultés respiratoires et des complications pulmonaires de type pneumonie sont également décrites, ainsi que des formes plus sévères. Des symptômes digestifs et oculaires (conjonctivite) ont également été observés chez certains cas confirmés ».

Les traitements susceptibles d'être administrés sont donc ceux qui permettent de lutter contre ses symptômes. En attendant, c'est la course mondiale pour trouver un médicament spécifique. Les guérisons des patients français ont permis aux laboratoires de l'Hexagone d'avancer sur les possibilités de trouver un traitement contre ce nouveau coronavirus.

Le médicament qui fait le plus parler de lui dans cette épidémie, c'est la chloroquine. Dans une conférence donnée le 25 février à Marseille, Didier Raoult, directeur de l'Institut Méditerrané infection à Marseille a expliqué que la chloroquine, un médicament antipaludique connu depuis très longtemps constituait une piste de recherche prometteuse contre le covid-19. « Tout comme cela avait été démontré pour le SRAS à l'époque et oublié, regrette-t-il, la chloroquine est active in vitro contre les coronavirus ». 500 mg par jour pendant dix jours auraient montré « une amélioration spectaculaire pour tous les cas cliniquement positifs d'infection à un coronavirus chinois ». Il cite notamment une recherche des scientifiques chinois publiée dans la revue BioScienceTrends[2] menée dans une dizaine d'hôpitaux chinois depuis le début de l'épidémie de Covid-2019. « Les résultats obtenus sur une centaine de patients ont démontré que le phosphate de chloroquine était plus efficace que les autres traitements », expliquent les scientifiques dans l'étude d'origine.

L'antiviral Remdesivir y est aussi cité, mais la chloroquine se démarquerait en montrant de l'efficacité sur plusieurs tableaux : « pour contenir l'évolution de la pneumonie, pour améliorer l'état des poumons, pour que le patient redevienne négatif au virus et pour raccourcir la durée de la maladie ». Autre point positif pour la chloroquine, souligné aussi par le Pr Didier Raoult : elle est déjà disponible sur le marché. « Elle coûte moins chère et c'est un médicament qui existe depuis longtemps et qui a fait ses preuves, dont on sait qu'il est sûr au niveau de la balance bénéfice/risquée », notent les scientifiques dans l'étude.

Le Pr Raoult propose à l'IHU des tests de dépistage et traite les patients avec un traitement à base d'hydroxy chloroquine, une molécule dérivée de la chloroquine après avoir lancé lui-même sa propre étude menée sur 26 patients.

Néanmoins tout le monde n'est pas aussi enthousiaste. L'étude présente pas mal de biais certaines communautés scientifiques qui exprime leurs réserves à proclamer aussi vite la découverte d'un traitement presque « miracle » en rappelant de ne pas aller trop vite. Le manque d'une étude à grande échelle pour évaluer les risques (effets secondaires, surdosage, interactions avec d'autres médicaments) et jugé d'une réelle efficacité est déploré.

VICTIMES

Avec désormais 18 279 morts, l'Italie reste le pays au monde comptant le plus de victimes. Le coronavirus a tué 610 personnes supplémentaires, jeudi. Le nombre de cas confirmés est désormais de 143 626 mais le nombre de patients en soins intensifs (3 605) est en légère baisse et le nombre de guérisons en hausse.

En nombre de cas, les États-Unis sont le pays le plus touché : 462 135, dont 16 513 décès et 25 410 guéris. Mais la situation s'est stabilisée jeudi dans les hôpitaux des régions les plus touchés, notamment à New York, où malgré un nouveau record de nombre de décès quotidien (799), il n'y a jamais eu aussi peu de nouveaux patients admis en réanimation. Alors que près de 40 États sont concernés par des mesures de confinement, New York restera confinée, selon son maire, Bill de Blasio, au moins jusqu'en juin.

Le Royaume-Uni a enregistré 881 morts en vingt-quatre heures jeudi, portant le bilan de la pandémie 7 978 décès sur 65 077 cas. Le Premier ministre, Boris Johnson, toujours hospitalisé, est sorti du service des soins intensifs.

L'Espagne a recensé 728 morts en vingt-quatre heures, un chiffre en repli alors que le bilan était auparavant reparti en hausse deux jours d'affilée, ce qui porte le total à 15 238.

Lire le reportage : en Espagne, l'hécatombe largement sous-estimée dans les maisons de retraite

En Iran, le seuil de 4 000 morts a été franchi, mais, selon les autorités, les derniers chiffres montrent « clairement une baisse du nombre de nouveaux cas de contamination ».

Plus de 4 milliards de personnes, soit la moitié de la population mondiale, sont toujours contraintes de rester confinées chez elles, dans près de 100 pays. Ces mesures ont un coût immense et des secteurs entiers de l'économie sont paralysés, les échanges commerciaux dégringolent, le chômage s'envole. Les organismes économiques internationaux n'hésitent pas à parler de « la plus profonde récession économique de notre existence », selon le patron de l'Organisation mondiale du commerce (OMC), ou des « pires conséquences économiques depuis la Grande dépression » de 1929, selon la patronne du Fonds monétaire international (FMI), Kristalina Georgieva.

En Europe, les ministres européens des finances ont affiché leur unité en parvenant à s'entendre, à l'arraché, sur une réponse économique commune face au coronavirus. « C'est un immense soulagement et une vraie victoire pour l'Europe. Face aux États-Unis et la Chine, l'Europe est monté qu'elle peut décider vite et décider fort », s'est réjoui le ministre français, Bruno le Maire.

Aux États-Unis, qui recensent maintenant plus de 16 millions de chômeurs, la banque centrale a annoncé 2 300 milliards de dollars de nouveaux prêts pour soutenir l'économie. Donald Trump a promis pour ce week-end un plan de sauvetage aux compagnies aériennes asphyxiées financièrement : « Nous allons probablement faire une proposition et donner des détails, certains détails puissants, durant le week-end », a-t-il dit, sans apporter précision précisions.

Qui l'aurait pensé même dans des sombres scénarios les lieux de culte sont les seuls endroits viables en cas de cataclysme. Mais là Dieu semble observateur. On était prévenu depuis des lustres d'un temps nouveau qui modifiera en profondeur l'organisation sociale.

ETAT-RELIGION ET COVID

Le 23 mars, Emmanuel Macron a prévenu les autorités religieuses que les fêtes religieuses d'avril ne pouvaient pas donner lieu à des rassemblements dans un contexte de confinement général. l'État semble être le garant de la vie des croyants en leur ordonnant de ne pas se rassembler. Cette ordonnance a été acceptée de tous vue le mode de contamination du Covid19. Passer outre à cette ordonnance de l'État serait suicidaire. Ce virus se transmet d'homme à homme sans distinction.

Pour les chrétiens, en particulier les catholiques et les orthodoxes, la fête de Pâques est le sommet de l'année liturgique. Elle débute jeudi avec la célébration du dernier repas du Christ, se poursuit vendredi avec la messe de la Passion et se termine dimanche. Dans de très nombreux foyers français, cette fête est aussi un temps fort de la vie familiale.

L'accès à toutes les messes a été interdite, mais plusieurs prêtres comptent, seuls, célébrer la messe dans leur église. Certaines paroisses proposent à leurs fidèles de suivre la messe en direct sur les applications Zoom, Skype ou Facebook. Chez les catholiques, de nombreux diocèses réalisent en direct la retransmission des messes sur Youtube.

La chaîne KTO retransmettra en direct toutes les messes qui auront lieu au sanctuaire de Lourdes, tandis qu'une « célébration spirituelle » au sein de Notre-Dame-de-Paris, un an après que l'édifice ait été ravagé par les flammes, sera visible vendredi sur BFMTV. Sur les ondes, la radio RCF, qui dispose d'antennes locales, diffusera également plusieurs messes.

La conférence des évêques de France propose en outre des méditations quotidiennes tout au long de la Semaine sainte. Le diocèse de Troyes a innové de son côté en proposant de recueillir en ligne les intentions de prière des croyants afin de les transmettre, par voie électronique, aux prêtres.

À Rome, le pape François célébrera, quasi seul, les messes de la Semaine sainte, celles-ci étant toutes retransmises en direct par les médias du Vatican et sous-titrées en plusieurs langues.

Chez les Juifs, le débat sur l'usage des ordinateurs et tablettes. La pâque juive a, elle, débuté mercredi soir par le Seder, un repas hautement symbolique qui est traditionnellement partagé en famille.

Les célébrations doivent se poursuivre jusqu'au jeudi 16 avril au soir. Pour inciter les fidèles à s'en tenir au confinement, des opérations de communication se multiplient comme celle du

Fonds social juif unifié (FSJU) qui a sollicité des stars comme Patrick Bruel, Gad Elmaleh et Michel Boujenah, lequel appellent à rester à la maison.

Depuis plusieurs semaines, plusieurs rabbins appellent les fidèles à utiliser les applications mobiles, et notamment Zoom, qui rencontre un grand succès au sein de la communauté selon l'AFP.

En Israël, un violent débat a opposé les utilisateurs des applications de visioconférence aux ultra-orthodoxes. La loi juive (halakha) proscrite en règle générale l'usage de l'électricité pendant les fêtes. Fin mars, en Israël, un entrepreneur a voulu installer 10.000 ordinateurs chez des personnes âgées pour leur permettre de participer aux fêtes religieuses. Mais il a voulu savoir si son initiative était compatible avec la loi juive. Saisis sur le sujet, 14 rabbins ont émis un « psak », un avis religieux, dans lequel ils ont estimé qu'il était licite d'utiliser un ordinateur pour célébrer Pessah avec des personnes âgées et/ou malades. Mais le grand rabbinat d'Israël s'est opposé à cet avis, invitant à utiliser l'ordinateur et autres tablettes la veille du jour férié et non le jour férié lui-même.

Après les Juifs et les chrétiens, viennent les musulmans qui, du 23 avril au 23 mai, ont fait le Ramadan. Dans un communiqué, Mohammed Moussaoui, le président du Conseil français du culte musulman (CFCM), a estimé que le jeûne lui-même, observé le jour, ne sera pas un problème car celui-ci « dépend intrinsèquement et individuellement de chacun là où il se trouve ». Le problème, pour les fidèles musulmans, vient de la rupture du jeûne, chaque soir, quand toute la famille se retrouve pour partager le repas. Le CFCM a proposé d'ores et déjà de nombreuses alternatives, comme des « distributions de repas répondant aux restrictions en vigueur » et en accord avec les autorités locales, notamment pour les plus démunis.

Le confinement renvoie en tout cas une partie des fidèles, les personnes âgées notamment, à leur solitude. Les évêques de France, pour les catholiques, tout comme le CFCM, pour les musulmans, ont mis ainsi en place des numéros d'écoute dédiés. Comme l'indiquait mercredi Télérama, une plateforme de consultation psychologique, créée par plusieurs institutions juives après les attentats de janvier 2015, a aussi été réactivée. « Nous recevons beaucoup d'appels, il y a un effet de sidération », explique sur le site du journal Richard Odier, le directeur du FSJU.

PROTEGER

Il aura un avant et un après Covid19. Le respect de l'autre sans oublier la protection de notre biosystème qui en quelques mois a repris des couleurs. L'air des grandes métropoles polluées devenu incroyablement respirable. Si l'arrêt brutal de l'activité économique dans de nombreux pays du monde fait trembler les marchés boursiers, la nature semble, quant à elle, montrer de meilleurs signes de bien-être » (Mongr. fr)

Malgré la désorganisation l'entraide est présente : le gouvernement a ouvert une plateforme en ligne (https : /covid19. reserve-civique. gouv. fr) baptisée « Je veux aider » pour recenser les bénévoles voulant aider les populations les plus fragiles en lien avec les réseaux associatifs dont Emmaüs, les restos du cœur… La plateforme doit permettre aux Français volontaires de proposer leur aide aux personnes en difficulté ainsi qu'aux associations en sous-effectif.

Les jeunes en service civique et en service national obligatoire sont visés en priorité mais tout Français de moins de 70 ans peut s'inscrire.

« Actuellement, 58 000 jeunes en service civique ne peuvent pas continuer leurs missions à cause du Covid-19 et sont motivés pour aider les associations », a précisé Gabriel Attal, secrétaire d'État auprès du ministre de l'Éducation et de la jeunesse. Les volontaires se verront proposer 4 types de « missions vitales » : l'aide alimentaire et d'urgence ; la garde exceptionnelle d'enfants de soignants ; le lien avec des personnes fragiles isolées ; et la solidarité de proximité (faire des courses pour des voisins qui ne le peuvent pas, etc. ;)

Depuis le début du confinement, des images prises par plusieurs internautes depuis de nombreux pays du monde montrent en effet que l'arrêt de l'activité humaine permet à la nature de reprendre petit à petit ses droits. C'est notamment le cas dans le Nord de l'Italie, et plus particulièrement à Venise. Là-bas, le confinement a littéralement stoppé net toute l'activité basée quasi-exclusivement sur le tourisme – Venise est l'une des villes les plus touristiques d'Europe avec vingt millions de visiteurs par an-. Les bateaux restant désormais à quai, les eaux sont redevenues plus claires que d'habitude à pareille période, retrouvant ainsi leur lustre d'antan. Un événement incroyable pour les locaux qui redécouvrent une toute nouvelle manière d'apprécier leur environnement, comme l'explique sur Facebook Marco Contessa, un habitant vénitien. Plus largement, le service européen Copernicus a récemment indiqué que les concentrations en dioxyde d'azote, gaz nocif pour le système respiratoire et contribuant à la formation d'ozone et par là même au dérèglement climatique, ont reculé, notamment dans les régions fortement soumises au confinement.

À Milan, selon les données de ce même service, les concentrations moyennes de ce gaz ont carrément chuté, passant d'environ 65 mg /m3 en janvier dernier à 35 mg /m3 lors de la première quinzaine de mars. Cette baisse peut être liée à plusieurs facteurs, dont la réduction du trafic automobile et des activités industrielles, consécutive à l'épidémie de coronavirus et à la nécessité de rester confiné chez soi.

Le monde au ralenti, invite à repenser fondamentalement notre mode de vie. Il n'en demeure pas moins que cette épidémie de Covid-19 peut aussi être négative pour la faune et la flore. En cause notamment, le manque de budget lié à l'activité touristique de certaines zones et qui a pour vocation à contribuer à la conservation d'espèces menacées. C'est notamment le cas en Afrique du Sud, où les réserves animales sont en difficulté. Des animaux comme l'éléphant d'Afrique, le rhinocéros blanc ou encore la hyène tachetée pourraient bien pâtir de la baisse de fréquentation touristique.

Dans d'autres lieux, comme au Gabon, le problème est tout autre mais crée lui aussi un risque pour les espèces animales. C'est ce qu'explique le secrétaire exécutif par intérim de l'Agence nationale des parcs nationaux Christian Tchemambela : « Nous avons décidé de fermer les activités de tourisme de vision des grands singes dans nos parcs, afin d'éviter tout risque de transmission de l'Homme à l'animal. Les virus respiratoires qui affectent l'Homme se transmettent facilement aux grands singes en raison de la proximité entre ces espèces ». En d'autres termes, il faut savoir rester mesuré sur les impacts écologiques et environnementaux que provoque ce coronavirus.

ESSAIS CLINIQUES

Si l'on vise une disparition complète du SARS-CoV-2, il faut que la population soit immunisée – c'est-à-dire que le système immunitaire des gens soit préparé à résister à une nouvelle agression du virus. Or, seules les personnes qui ont été en contact avec le virus – et qui ont survécu – ont produit les anticorps nécessaires à cette protection.

Il existe en théorie une seconde possibilité qui « force » les choses : la vaccination. On introduit une forme inactive ou atténuée du virus dans l'organisme du patient, pour stimuler ses défenses. Cela lui permet de développer une immunité sans avoir été malade : le problème est que nous n'avons pour l'instant pas de vaccin contre le SARS-CoV-2 – et que malgré les efforts des chercheurs, celui-ci n'arrivera probablement pas avant au moins un an. On ne peut donc compter pour l'instant que sur la protection naturelle des personnes déjà contaminées.

Heureusement, il n'est pas nécessaire que l'ensemble de la population soit immunisé pour éviter que le virus circule de manière épidémique. Selon les spécialistes, une proportion de l'ordre de

60 % à 70 % de la population pourrait suffire dans le cas du SARS-CoV-2.

C'est ce qu'on appelle l'« immunité du groupe » : au-delà d'un certain niveau de protection dans la population (variable d'une maladie infectieuse à l'autre), la diffusion du virus est efficacement freinée. C'est ainsi que de nombreuses maladies ont (presque) disparu grâce à la vaccination d'une grande partie de la population. Se contenter d'attendre que la population atteigne le seuil de l'immunité collective est une option très risquée : cela supposerait qu'au moins 40 millions de Français soient infectés, ce qui pourrait engendrer des centaines de milliers de morts. Le Royaume-Uni et les Pays-Bas, initialement partisans de cette stratégie, s'en sont d'ailleurs récemment détournés. Dans l'Union européenne, seule la Suède mise encore sur l'immunité collective pour traverser la crise sanitaire sans imposer de confinement.

Autre problème : il n'y a encore aucune certitude sur la durée de l'immunité acquise par les personnes guéries du Covid-19. Se compte-t-elle plutôt en semaines, en moins, en années ? Il est trop tôt pour le dire, d'autant qu'il n'est pas impossible que la souche du SARS-CoV-2 mute et donc remette en cause l'immunité des personnes ayant été infectées – de la même façon que la grippe saisonnière évolue régulièrement. S'il n'est pas possible de faire complètement disparaître le virus, il reste un plan B : tenter d'en limiter la propagation et les conséquences.

Traiter les malades

La première solution est évidemment de rechercher des traitements pour soigner les malades. Cela aurait plusieurs intérêts :

* réduire le nombre de cas graves et mortels ;

* limiter la durée des hospitalisations, donc désengorger les hôpitaux ;

* utiliser des traitements « préventifs » pour réduire la charge virale dans l'organisme des malades, donc leur contagiosité.

De grands essais cliniques sont en cours pour tenter d'identifier les meilleures stratégies médicales contre le virus : la fameuse hydroxy chloroquine, bien sûr, mais aussi d'autres traitements moins connus, comme le remdesivir, du laboratoire Gilead, ou le Kaletra (lopinavir et ritonavir), du laboratoire AbbVie. Les résultats ne seront toutefois pas connus avant plusieurs semaines, voire plusieurs mois.

Etaler l'épidémie

Si on part du principe qu'une grande partie de la population va de toute façon être infectée et que certains développeront des formes graves de la maladie, on peut au moins essayer d'étaler l'épidémie dans le temps, pour éviter la surcharge des hôpitaux. Plus on « aplatit la courbe », plus on soulage les services de réanimation.

CONFINEMENT DE CONFINEMENT

Cette stratégie, c'est celle du confinement généralisé actuellement choisi par le gouvernement français et de nombreux autres pays du monde. Mais comme elle ne pourra pas durer éternellement, plusieurs pistes sont envisageables pour la suite.

Le « stop-and-go »

Plutôt que de prolonger le confinement pendant des mois, on pourrait alterner des périodes de confinement et des périodes de retour à la « normale ». Dans une telle logique, le confinement serait remis en place à chaque poussée de l'épidémie, pour limiter la saturation des hôpitaux. Et ce, jusqu'à ce qu'on ait trouvé un vaccin ou atteint l'« immunité du groupe ». C'est ce que les experts appellent le « stop-and-go ». Cette seule stratégie présenterait cependant le risque de placer les populations face à une longue série de périodes de confinement.

Une étude prépubliée le 24 mars par des chercheurs d'Harvard estime ainsi qu'en l'absence d'autres facteurs, des mesures de distanciation sociales pourraient être nécessaires jusqu'en 2022 aux États-Unis.

Le confinement localisé

Il s'agirait de lever le confinement dans les régions qui ont passé le pic de l'épidémie et dans lesquelles les hôpitaux ne sont plus saturés. À l'inverse, le confinement sera maintenu dans les foyers actifs, où le risque de contagion est plus fort. Si la situation s'améliore nettement dans les régions les plus fortement touchées en premier, comme l'Ile-de-France et le Grand Est actuellement, celles-ci pourraient alors figurer parmi les premières à sortir du confinement. Cette piste semble être envisagée par le gouvernement, qui travaille sur « la faisabilité d'un dé-confinement qui serait régionalisé », selon Édouard Philippe. L'académie nationale de médecine l'envisage également dans un communiqué publié dimanche 5 avril. Reste à savoir comment l'État pourrait contrôler les mouvements de populations entre les régions, qui n'ont bien évidemment pas de postes-frontières. Dans un tel scénario, il semble probable que les transports ferroviaires et aériens seraient maintenus à un niveau très faible, pour décourager les déplacements.

Le confinement ciblé

L'idée serait de diviser la population en deux. On maintiendrait en confinement :

* les malades, pour éviter qu'ils ne transmettent le virus ;

les populations les plus à risque en cas d'infection : personnes âgées et fragiles, patients souffrant de problèmes respiratoires, femmes enceintes, etc.

On « déconfinerait » :

* les personnes immunisées, qui ne sont plus contagieuses ;

• les populations les moins à risque, qui ont moins de chances de développer des formes sévères de la maladie. Ainsi, on construirait progressivement une « immunité du groupe » en limitant le nombre de morts. Cette stratégie, séduisante sur le papier, peut se révéler compliquée dans la pratique. Tout d'abord, il ne faut pas sous-estimer les conséquences sociales et psychologiques d'un confinement de la population à long terme et la difficulté à le faire accepter. Mais surtout, le confinement ciblé n'est pas infaillible, car il faut bien que des soignants s'occupent des personnes isolées.

Ainsi, malgré des précautions drastiques, le virus s'est largement répandu dans les Ehpad français, avec au moins 2 189 morts selon le dernier décompte, diffusé le 6 avril.

Plusieurs exemples ont malheureusement montré qu'être jeune et en bonne santé ne garantit pas d'être complètement protégé contre les formes graves de la maladie. Enfin, si on lève le confinement pour des porteurs sains du virus qui, faute de symptômes, ignorent qu'ils sont contagieux, ils risquent de contaminer le reste de la population.

Le dépistage à grande échelle avec traçage et isolement

C'est pour cela que de nombreux pays envisagent une stratégie plus fine, sur le modèle sud-coréen, qui repose sur trois piliers : dépistage massif, isolement des personnes infectées et suivi de leurs contacts.

Un dépistage à grande échelle de la population française permettrait d'identifier :

* les porteurs actifs du virus (qui devraient rester isolés, car contagieux)

* les personnes non infectées (potentiellement à risque)

Les personnes immunisées (qui pourraient sortir)

Reste à savoir si la France a les moyens de conduire des millions de tests – surtout qu'il faudra les réitérer à échéances régulières pour tester à nouveau les non porteurs. À ce jour, par manque de moyens, les autorités sanitaires ont fait le choix de ne tester que les cas sévères. Il faudrait pourtant aussi le faire avec les patients ayant peu ou pas de symptômes pour mesurer l'« immunité du groupe ». Si le gouvernement ambitionne d'augmenter sensiblement le nombre de tests dans les prochaines semaines, il n'est pas certain que cela suffise.

Le deuxième pilier consiste à mettre en place un suivi des personnes infectées. L'idée est de remonter la chaîne des contacts récents du patient pour détecter les personnes à qui il a pu transmettre le virus, afin de les dépister à leur tour ou de les isoler par précaution. Un tel travail d'analyse des « clusters de contamination » a été conduit au cas par les autorités sanitaires au début de l'épidémie, mais il est plus difficile à réaliser à grande échelle. C'est pourquoi le gouvernement envisage de proposer un « traçage numérique », par le biais d'une application mobile. Mais plutôt que d'imposer un tel système, comme l'ont fait Taïwan ou la Corée du Sud, il propose un suivi sur la base du volontariat, afin de respecter la protection de la vie privée.

SMARTPHONES, APPLIS… LES DÉFIS DU PISTAGE MASSIF POUR LUTTER CONTRE LA PANDÉMIE

Le maintien des mesures de « distanciation sociales ». Même si le confinement est levé, partiellement ou complètement, il est envisageable que les mesures de distanciation sociales soient maintenues, comme l'interdiction des grands rassemblements, la fermeture des écoles ou des bars. Il est aussi possible d'imposer le port du masque dans l'espace public, comme l'ont fait plusieurs pays d'Europe centrale.

Quoi qu'il en soit, il sera déterminant de conserver le plus longtemps possible les « gestes barrières » pour limiter les risques de contaminations et le retour à « la vie d'avant » n'est pas pour tout de suite, comme a prévenu Édouard Philippe : « C'est un combat long, difficile, qui impliquera de mauvaises nouvelles, des déceptions. »

HOMMES VS MALADIES

Ce n'est pas la première fois que les êtres humains sont confrontés aux pandémies. Peste noire, grippe espagnole, choléra… les grandes pandémies ont causé la mort de millions de personnes à travers le monde. Des tueurs invisibles avec lesquels les sociétés humaines ont dû composer.

Née en Égypte en 541, la peste de Justinien, du nom de l'empereur, tua environ 25 millions de personnes à travers le monde. Entre 1347 et 1352, la peste noire, venue de Crimée, décime entre 30 et 50 % de la population européenne et fait entre 25 et 30 millions de victimes. Après six ans de présence en Europe, elle continuera à réapparaître régulièrement à travers les siècles. Aucun pays ne sera véritablement épargné. La peste bubonique tue ainsi 20 % de la population de Londres durant l'hiver 1664-1665. En 1920, on la retrouve à Paris (la peste des chiffonniers), en 1942, le Japon s'en est servi comme arme bactériologique lors de la guerre contre la Chine, en 1997, elle revient en Jordanie, en 2015, on en trouve trace dans le métro de New York ! Selon une étude parue dans la revue scientifique Cell Host & Microbe en 2016, elle serait à l'origine des épidémies actuelles.

Le monde s'est subitement arrêté de tourner. Les forces vives touchées et l'économie en berne voir en décroissance comme pendant la guerre 40, 45. Les plus sinistres scénarios Hollywoodiens n'ont pas anticipé cette pandémie. Même si souvent des scénarios font état d'une pandémie, cela se limite à un pays. Dans tous les cas les humains arrivent toujours à trouver assez rapidement une solution.

Ce virus inconnu jusque-là se transmet d'homme à homme. Tout le monde peut-être contaminer du moment qu'on est en contact direct avec le virus. Le coronavirus se transmet d'humain à humain via des contacts rapprochés (d'où les consignes de limiter les interactions physiques et de se laver les mains souvent). Mais aussi par voie aérienne à cause des microgouttelettes que les malades répandent en toussant ou en éternuant. En moyenne, les microgouttelettes propagent le virus à une distance d'un mètre. Ceci explique la distance de sécurité conseillée par les autorités sanitaires et à respecter dans les files d'attente au supermarché ou la pharmacie (Au moment du confinement).

Le virus peut survivre plusieurs heures dans l'air. Il y a aussi la probabilité d'être contaminé en touchant une surface où le coronavirus s'est accroché et en portant ensuite les mains au visage.

Selon de récentes études scientifiques, le virus survit 24 heures sur une surface cartonnée, trois jours sur du plastique et de l'acier, quatre jours sur du bois, cinq jours sur verre et trois heures dans l'air. Il est donc important d'observer la plus grande prudence et de désinfecter les surfaces et objets à risque comme les poignées de porte, les interrupteurs, les télécommandes, les téléphones ou encore les souris et claviers d'ordinateurs.

– L'avez-vous régulièrement les mains

– Toussez, éternuez dans votre coude

– Utilisez un mouchoir à usage unique et jetez-le

– Saluez sans serrer la main, évitez les embrassades

– Évitez les contacts, limitez vos déplacements

LE CHANGEMENT

Nous allons revoir nos comportements vis-à-vis de nos semblables. Respectez notre nature, ne pas déstabiliser notre écho système et notre approche culinaire. Justement ce virus a muté de l'animal à l'homme. Notre siècle est celui de la science. Les humains prêts à affronter toutes les menaces venant du ciel. Nos arsenaux nucléaires capables de détruire plus de dix fois notre planète bleue.

Le Covid 19, nous donne une belle leçon de vie : quel que soit notre lieu de vie, notre apparence physique nous sommes tous sur la même terre. La société humaine est le résultat des tensions et des frictions, interrelationnelles et interactionnelles, qui proviennent : des moyens que prennent les citoyens et/ou des groupes de citoyens, pour répondre à leurs besoins, se développer et s'intégrer à la collectivité, qui sont partiellement ou totalement incompatibles avec les besoins d'un ou de plusieurs autres citoyens, qu'ils soient en groupe ou non, vivant au sein de cette collectivité – de l'implémentation des différents processus de gestion au sein de cette collectivité, mises en place pour gérer les interrelations entre ses citoyens, ou groupe de citoyens, ainsi que leurs interactions avec les ressources sociétales pour justement gérer les tensions et les frictions qui apparaissent lorsque les besoins des citoyens, ou groupes de citoyens, sont partiellement ou totalement incompatibles. Le concept de société n'est pas l'objet d'analyse principal chez tous les sociologues. Il est par ailleurs remis en question chez certains sociologues en ayant fait leur objet central.

En se fusionnant, les âmes individuelles donnent naissance à un être, psychique si l'on veut, mais qui constitue une individualité psychique d'un genre nouveau. Émile Durkheim, Les règles de la méthode sociologique, 1895, Chapitre V, section 2, § 18. Max Weber rattachera le concept de socialisation aux caractéristiques indiquées par Ferdinand Tönnies.

Pour Pierre Bourdieu, la société n'est pas complètement explicable. Il y a toutefois deux niveaux à différencier : le niveau de la pratique sociale, dans la vie de tous les jours où des régularités se jouent, et le niveau de la théorie de la pratique, où on doit examiner les rapports de forces inconscientes de la pratique sociale (habitus). Le travail de Bourdieu contient ainsi une composante critique de la société.

Le sociologue Richard Jenkins se pose des questions relatives à l'existence des sociétés :

* comment les humains pensent et échangent entre eux – le monde sensoriel ne compose qu'une fraction de l'humain. Pour comprendre le monde, nous devons concevoir les interactions humaines de façon abstraite (c'est-à-dire du point de vue sociétal) ;

* Beaucoup de phénomènes ne peuvent pas être réduits au comportement individuel – pour expliquer certains phénomènes, une vue de quelque chose « plus grande que la somme de ses parties » est nécessaire ;

* Les collectivités survivent la plupart du temps compte tenu de la durée de vie de ses membres ;

* L'état humain a toujours signifié aller au-delà de l'évidence de nos sens ; chaque aspect de nos vies est attaché au collectif.

DESORGANISATION

La théorie de la désorganisation sociale est l'une des plus importantes théories développées par l'école de sociologie de Chicago. Elle met en évidence le lien entre les zones urbaines en transition et le déclin de l'influence des valeurs collectives de l'individu qui peut provoquer des phénomènes de la délinquance. C'est un concept majeur dans l'étude des grandes villes américaines et qui implique de nombreux changements sociaux.

Il est notamment utilisé par Nels Anderson (1923) sur les travailleurs saisonniers, Frederic Thrasher (1927) sur les gangs, Harvey Zorbaugh (1929), Paul G. Cressey (1929) sur les dancings publics. Ruth Cavan (1928) sur le suicide, Ernest Mowrer (1927) sur la désorganisation de la famille, Louis Wirth (1926) sur le ghetto, et Walter Reckless (1925) emploient également ce concept.

Si la théorie de la désorganisation sociale a été peu introduite en France, il existe des similitudes avec le concept de l'anomie chez Émile Durkheim.

En réponse à la désorganisation sociale, le sociologue américain Saul Alinsky a développé les méthodes du « community organizing », qui consiste à recréer des relations dans une zone urbaine dans l'objectif d'améliorer les conditions de vie des habitants.

La notion de lien social signifie en sociologie française l'ensemble des appartenances, des affiliations, des relations qui unissent les gens ou les groupes sociaux entre eux. Le lien social représente la force qui lie entre eux les membres d'une communauté sociale, d'une association, d'un milieu social. Cette force peut varier dans le temps et dans l'espace ; c'est-à-dire que le lien social peut se retrouver plus ou moins fort selon le contexte dans lequel se situe le phénomène étudié. Lorsque le lien social devient de faible intensité ou de piètre qualité, certains chercheurs et courants politiques abordent le problème sous l'angle de la « crise » du lien social puisque la qualité et l'intensité du lien social agissent comme des déterminants de la qualité et de l'intensité des rapports sociaux des membres du groupe.

Etudiée dans la philosophie politique classique, dans le Dû contrat social de Rousseau, par exemple, et dans la première sociologie, de Durkheim, Tönnies ou Weber, la notion de lien social a été puissamment réinvestie à partir des années 1980, par la sociologie et sur la scène médiatique, en effaçant les thèmes prégnants des années 1970 telles que la domination ou la conflictualité sociale. Un discours émerge alors qui pose comme impératif de lutter contre la « crise » de ce lien, de favoriser la « réinsertion » de populations « exclues » ou mal « intégrées ».

La difficulté d'utilisation de la notion vient d'abord de son sens à la fois descriptif (les variétés observables de cette force de liaison) et normatif (une unité qu'il faudrait préserver). Elle vient ensuite de ce que, employée au singulier, elle tend à identifier la qualité des rapports sociaux des individus et des groupes entre eux à leur participation à une unité supérieure (la nation, le peuple), écartant ainsi a priori la richesse des relations qui s'établissent dans les marges, contre les manifestations de cette unité, qu'elles soient les institutions de l'État ou une culture dominante.

Si, du point de vue englobant de la société entière, on considère comme un bien la cohésion de ses divers éléments, alors le lien social peut devenir un objet de préoccupation politique ou morale. Certains facteurs tels que les inégalités sociales ou encore la vie au sein d'un régime totalitaire entraîneraient la dégradation de la qualité et de l'intensité du lien social. Plusieurs changements contemporains peuvent aussi être l'expression ou la conséquence d'un affaiblissement de la densité du lien social, comme l'accroissement des divorces, l'individualisation croissante, les émeutes et la délinquance. Récemment, une analyse d'ensemble a été consacrée à l'érosion du lien social dans les pays économiquement avancés par The International scope Review.

Pour illustrer ces inquiétudes, selon le sociologue Philippe Breton, le lien social est menacé par une certaine conception d'Internet, qui tend à dispenser les hommes de toute communication directe. Le lien social ne serait plus fondé que sur la séparation des corps et la collectivisation des consciences. Il y voit l'influence de l'héritage de Teilhard de Chardin, du bouddhisme zen, et des croyances New Age.

Plus globalement, selon le pape François, « L'homme et la femme du monde postmoderne courent le risque permanent de devenir profondément individualistes, et beaucoup de problèmes sociaux sont liés à la vision égoïste actuelle axée sur l'immédiateté, aux crises des liens familiaux et sociaux, aux difficultés de la reconnaissance de l'autre ».

Face à cette pandémie la fraternité est présente. Les liens forts et faibles sont devenus encore plus présenté. Selon Jacques le Goff, la fraternité est l'« âme du lien social bientôt juridiquement déclinée (…). La fraternité est (…) naturellement sociale, elle relève d'une pensée de la convocation et du lieu ».

Certaines associations se proposent de recréer du lien social à l'échelle des quartiers en milieu urbain ou rural.

Philippe Descola, dans par-delà nature et culture (2005) distingue six « modes de relation », six « formes de l'attachement ». Il retient « six relations dont tout semble indiquer qu'elles jouent un rôle prépondérant dans les rapports que les humains nouent entre eux et avec des éléments de leur environnement non humain » (p. 425). « Il s'agit de l'échange, de la prédation, du don, de la production, de la protection et de la transmission.

Ces modes de relation peuvent être répartis en deux groupes, le premier caractérisant des relations potentiellement réversibles envers des termes qui se ressemblent, le second des relations univoques fondées sur la connexité entre des termes non équivalents. L'échange, la prédation et le don relèvent du premier groupe, la production, la protection et la transmission du second ».

* « L'échange se caractérise comme une relation symétrique dans laquelle tout transfert consenti d'une entité à une autre exige une contrepartie en retour ». Chez Lévi-Strauss, la prohibition de l'inceste est un échange, une règle de réciprocité en ce qu'elle enjoint à un homme de renoncer à une femme au profit d'un autre homme, lequel s'interdit l'usage d'une autre femme qui devient, de ce fait, disponible pour le premier. Les chasseurs-cueilleurs valorisent le partage, entre humains, mais aussi avec les non humains.

* La prédation est une relation asymétrique négative où « une entité A prend une valeur à une entité B (ce qui peut être sa vie, son corps ou son intériorité) sans lui offrir de contrepartie ». C'est « un phénomène de destruction productive indispensable à la perpétuation d'un individu » (p. 435). Un Jivaro ne prélève dans la nature que ce dont il a besoin pour survivre.

* Le don (dans un sens autre que chez Mauss) est une relation asymétrique positive où « une entité B offre une valeur à une entité A (ce peut être lui-même), sans en attendre de compensation. » Alain Testart a raison de distinguer l'échange du don : le premier consiste à céder une chose moyennant contrepartie, le second sans espoir de contrepartie.

* La production, depuis Marx paraît « à la fois comme une relation que les hommes tissent entre eux selon des formes définies afin de se procurer conjointement des moyens d'existence (les "rapports de production"), et une relation spécifique à un objet que l'on crée dans un dessein particulier » (p. 439).

* La protection implique, comme la production, une domination non réversible de celui qui l'exerce sur celui qui en bénéficie. Jamais réciproque, la relation de protection peut s'inverser : les soins donnés par les parents aux enfants peuvent devenir des soins des enfants pour les parents (p. 445). Elle aussi concerne les rapports entre humains comme les rapports entre humains et non humains. Dans les civilisations anciennes de la Méditerranée, sous l'autorité du paterfamilias, femmes, enfants, esclaves, troupeaux trouvent chacun un ordre et la sûreté. Dans les sociétés pastorales d'Eurasie et d'Afrique, le bétail ne sert pas seulement à la consommation, car le pasteur veut donner à son bétail aide, soin, attention.

* La transmission est ici définie comme « ce qui permet l'emprise des morts sur les vivants par

l'entremise de la filiation. L'on peut devoir bien des choses à ceux qui nous ont précédés : des biens mobiliers et immobiliers reçus en héritage ; des prérogatives dévolues par succession ; des caractères physiques, mentaux ou des comportements réputés procéder pour l'hérédité » (p. 450).

Lors de son allocution à la nation française, Macron a affirmé que nous sommes en guerre. Pour la gagner il faut que notre lien de solidarité envers les autres soit fort. Cette problématique s'est vue pendant la 1re guerre mondiale. Très vite des actions de solidarité se mettent en place. En 1915, cinq journées de solidarité sont organisées en faveur des soldats français et deux sont destinées aux orphelins. À ces occasions, les écoliers vendent insignes, drapeaux, médailles ou billets de tombola.

Cette pandémie du covid19 a réussi une chose : désorganisée notre société régie par la proximité de ses acteurs sociaux. Partout ailleurs une distance sanitaire est exigée. Tout rapprochement physique est une menace à cause des postillons que l'autre peut générer s'il communique avec nous.

COVID ET ECONOMIE

L'Insee persiste et signe. La « mise en sommeil » d'une partie de l'économie française pour endiguer l'épidémie de coronavirus entraîne une baisse de 36 % de l'activité économique en France. Chaque mois de confinement ampute le PIB annuel de 3 points. L'ampleur de la crise de 2008-2009 « était moindre » que celle d'aujourd'hui, estiment les économistes de l'Institut dans une note de conjoncture présentée ce jeudi. Mouvements brutaux de la consommation.

Un des domaines les plus bouleversés par cette hibernation est la consommation. En utilisant les données de cartes bancaires anonymes, l'Insee observe des mouvements brutaux. Le jour de l'annonce du confinement par Emmanuel Macron, la consommation globale des ménages a bondi de 40 %. Deux jours après, toutefois, la consommation totale des Français a fortement chuté. Elle a été divisée par deux et s'est stabilisée ensuite à ce niveau, les ménages ayant des possibilités restreintes de consommer avec le confinement et la fermeture des commerces non alimentaires, des bars et des restaurants.

La ruée sur les pâtes, le riz et la farine se confirme. Les dépenses alimentaires ont, elles, plus que triplait le 16 mars. Elles ont baissé par la suite pour connaître un nouveau pic une semaine plus tard. Début avril, elles étaient en recul de près de 35 %. Les Français semblent relativement disciplinés. Ils vont en tout cas moins souvent faire leurs courses. Le nombre de transactions effectuées était inférieur de 27 % à celui de l'année dernière lors de la semaine du 23 mars. « En revanche, les paniers moyens restent largement supérieurs à ceux de l'année dernière (+48 %) », Note l'Insee.

Même schéma pour les achats de carburants. Ils ont augmenté de 40 % le 16 mars, les Français ayant fait des stocks, comme pour les produits alimentaires. Le surlendemain, la baisse atteignait 70 %. dans l'habillement et la chaussure, les ménages ont moins stocké et, les commerces physiques étant fermés, les achats se sont effondrés dès le début du confinement de 90 %. De façon générale, les dépenses effectuées dans les magasins ont reculé de 60 % depuis le confinement. Celles sur Internet ont aussi baissé de 20 %.

Ainsi, les Français se déplacent moins que les autres Européens. Au cours des cinq derniers jours ouvrés en France, l'indice de congestion du trafic routier était inférieur de 62 % à la moyenne de 2019, contre une baisse de 53 % en Italie et de 31 % en Allemagne. Les Français prennent moins l'avion que les autres. Entre le 26 mars et le 2 avril, 94 %

des vols ont été annulés en moyenne chaque jour dans les trois plus grands aéroports français, contre 78 % outre-Rhin et seulement 20 % en Italie.

LE VACCIN

Depuis cette piste de recherche pour un traitement semble avoir été privilégiée en France, mais le ministre de la Santé a souhaité une équipe indépendante de celle du professeur Raoult et sur beaucoup plus de patients. « Jusqu'ici je ne l'ai pas évoqué tant que nous n'avons pas la garantie de la sécurité sanitaire et de son utilité pour les Français », a déclaré Olivier Véran lors d'une audition à Sénat, jeudi 19 mars, évoquant ensuite la façon dont certains s'étaient jeté sur le paracétamol et sur les boîtes de chloroquine après la vidéo du Pr Raoult précisant : « ce n'est pas un médicament anodin ».

Mais avant même la fin de cette étude, après le passage de la France à l'urgence sanitaire, le gouvernement vient d'autoriser dans un décret paru au journal officiel, l'autorisation de la prescription du traitement hydroxy chloroquine associé à l'antibiotique azithromycine. Sanofi serait en train de mener des essais. « Sur la base de ces résultats prometteurs, on s'est très vite mobilisé et rapprochés des autorités de santé pour faire une étude plus large et vérifier l'efficacité du traitement », a déclaré Olivier Bogillot, président de la société pour France Info.

L'antiviral Remdesevir

Autre médicament dont la piste est évoquée depuis le début : le Remdesivir. L'un des patients français guéris aurait été traité avec cet antiviral fabriqué par le laboratoire Gilead. Ce traitement est « une petite molécule capable de gagner l'ensemble des compartiments de l'organisme et dont on sait qu'elle diffuse parfaitement dans les poumons, organe cible de la maladie », à déclarer le Pr Denis Malvy, responsable de l'unité une maladie tropicale et du voyageur du CHU Pellegrin (Bordeaux). Le patient aurait reçu le traitement par intraveineuse pendant 10 jours et l'aurait « parfaitement toléré ». 6 essais cliniques ont été lancés mondialement et le « médicament a montré son efficacité potentielle contre le Covid-19 en laboratoire ». En revanche, le directeur du laboratoire explique qu'il n'y a, à ce jour, encore aucune donnée concernant son efficacité et sa tolérance sur l'homme.

Fin mars 2020, le laboratoire fait polémique en obtenant le statut de « médicament orphelin » aux États-Unis. Un stratagème dénoncé dans une lettre de plusieurs ONG. « Gilead possède des brevets primaires pour le remdesivir dans plus de 70 pays, lesquels pourraient bloquer l'arrivée de génériques jusqu'en 2031 », expliquent les auteurs qui demandent au laboratoire de « garantir la disponibilité rapide, à un prix abordable, et l'accessibilité de son traitement expérimental remdesivir pour traiter le Covid-19 ». Gilead aurait donc renoncé au statut de médicament orphelin. Dans un communiqué du 4 avril 2020, Daniel O'Day, CEO de Gilead annonce avoir mis en place des « programmes d'accès complémentaires » pour mettre le médicament expérimental à disposition des hôpitaux pour les patients gravement malades qui ne peuvent pas participer aux essais cliniques en cours avant de rappeler que : « remdesivir reste un médicament expérimental qui n'a été approuvé par les autorités nulle part dans le monde.

La sécurité et l'efficacité du traitement ne sont pas encore connues et même si nous connaissons l'urgence, notre responsabilité et notre éthique nous imposent de déterminer si ce médicament est efficace et sûr. »

Le laboratoire annonce fournir gratuitement « le traitement, administré par voie intraveineuse quotidienne à l'hôpital » pour les patients présentant des symptômes sévères et explique de faire de son mieux pour pouvoir mettre des stocks suffisamment nombreux à disposition si la confirmation de son efficacité venait à être officiellement validée avec un « accès à un prix abordable aux patients qui en auraient le plus besoin ».

Les autres traitements envisagés

En Europe ;

Depuis le 1er mars 2020, un essai clinique européen baptisé « Discovery » piloté au CHU de Lyon a été lancé dimanche 15 mars 2020 dans 7 pays européens pour tester quatre traitements expérimentaux, a annoncé le ministère de la santé. Il est prévu d'inclure 3.200 patients européens incluant la Belgique, les Pays-Bas, le Luxembourg, le Royaume-Uni, l'Allemagne et l'Espagne, et peut-être d'autres pays dont au moins 800 en France, hospitalisés pour une infection Covid-19 dans un service de médecine ou directement en réanimation, précise l'Institut français de la recherche médicale.

Les traitements évalués par Discovery

– Remdesivir, un antiviral notamment utilisé contre Ebola.

– Lopinavir, un traitement utilisé contre le VIH en association ou non avec le ritonavir.

– Lopinavir en association avec l'interferon bêta.

– L'hydroxychloroquine est toujours sous étude malgré son autorisation dans le cadre de l'urgence sanitaire.

Hors d'Europe :

D'autres pistes de traitements restent encore à l'étude. Un rapport[3] regroupant toutes les données validées à ce jour dans les revues scientifiques par la Coreb (Coordination Opérationnelle Risque Epidémique et Biologique) explique qu'en Chine il y a actuellement 80 traitements potentiels à l'essai pour soigner le Covid-2019. Quinze études cliniques sont enregistrées regroupant plus de 2 000 patients. Parmi elles, la Coreb présente la synthèse d'étude des médicaments testés pour deux séries d'études ayant eu lieu l'une sur 99 patients et l'autre sur 138 patients hospitalisés.

* Les traitements antiviraux étudiés : 90 % (124) des patients volontaires ont reçu de l'oseltamivir (Tamiflu) principalement indiqué pour la grippe. 76 % (75) auraient pris du ritonavir indiqué contre le VIH notamment ;

* Les traitements antibiotiques étudiés : Moxifloxacine (infections bactériennes ORL) sur 89 patients et ceftriaxone (traitement de méningite bactérienne) sur 34 ;

* Traitements de support : Oxygénothérapie, ventilation mécanique.

Au Japon, le groupe Fujifilm est actuellement en train de tester l'efficacité de son antigrippal Avigan (favipiravir). Des premiers essais cliniques avaient déjà été réalisés par les autorités chinoises avec cette molécule. Des résultats encourageants auraient été observés.

Plusieurs vaccins sont également à l'essai, dont un aux USA dont les essais cliniques débuteront en avril 2020, un en France (Institut Pasteur) devrait être testé en septembre 2020.

La piste de la thérapie passive par anticorps et transfusion de plasma

Des chercheurs de l'université Johns Hopkins dans le Maryland aux États-Unis ont avancé une nouvelle piste thérapeutique dite de thérapie passive par anticorps. Elle consiste à prélever du sang chez les patients infectés mais rétablis, afin d'en extraire les anticorps viraux, dont le taux est particulièrement élevé lorsque le corps a dû les fabriquer pour combattre le virus. Ces anticorps sont isolés, traités puis peuvent être injectés à d'autres patients.

Cette technique avait déjà montré son efficacité lors de la pandémie de grippe H1N1 et ou encore du virus Ebola en réduisant la charge virale ce qui améliorait le taux de survie.

Son avantage repose sur la rapidité de sa mise en place, à bien plus court terme qu'un vaccin. De plus, le nombre grandissant de malades est également synonyme d'un nombre croissant de donneurs potentiels.

Cependant elle nécessite une coordination de nombreux membres du corps médical : « les spécialistes des maladies infectieuses, les hématologues, les spécialistes des banques de sang et les administrateurs d'hôpitaux », comme le rappellent les auteurs de l'étude. Sur ce principe, aux États-Unis, la FDA (Food and Drug administration) étudie depuis plusieurs semaines un traitement pour soigner les personnes atteintes par le coronavirus. Ce dernier consiste à transfuser les personnes malades avec un sérum obtenu avec le plasma sanguin prélevé chez les patients guéris.

Le plasma correspond à la partie liquide du sang, une fois que les cellules et les plaquettes ont été retirées. Celui des patients infectés et convalescents contient des anticorps pour combattre le virus, offrant la possibilité d'un sérum, espoir de traitement.

Les avantages de cette transfusion seraient nombreux. Non seulement cela augmenterait les chances de guérison, permettant ainsi de sauver des vies, mais ce serait également une façon de renforcer l'immunité.

Alors que des essais cliniques sont encore en cours, la FDA souhaite faciliter l'accès à ce traitement pour les personnes les plus gravement atteintes. Avant un usage élargi, des études sont encore nécessaires et les chercheurs étudient notamment la possibilité de transfuser ce sérum aux personnes potentiellement exposées au virus afin de développer leur réponse immunitaire. Il s'agit de ne pas se précipiter, de plus amples recherches sont nécessaires notamment afin de cerner les risques potentiels d'une telle méthode.

Rappelons que la transfusion de plasma a déjà été étudiée et utilisée en Chine. Les autorités avaient appelé les personnes guéries à donner leur sang pour aider les autres patients. Toutefois, l'OMS relève que « la recherche s'est accélérée à une vitesse incroyable » concernant le nouveau coronavirus. Le génome viral a été cartographié début janvier et partagé à l'échelle mondiale, ce qui a permis de mettre au point des tests et de lancer la recherche sur les vaccins.

Plus de 70 pays se sont joints à l'essai de solidarité de l'agence onusienne pour accélérer la recherche d'un traitement efficace. Et une vingtaine d'institutions et d'entreprises « s'affrontent » pour mettre au point un vaccin. De façon générale, l'OMS s'est engagée à veiller à ce que les médicaments et les vaccins mis au point soient partagés « équitablement avec tous les pays et toutes les personnes ».

DANGER AUTOMEDICATION

Le ministre des Solidarités et de la santé Olivier Véran a alerté dans un tweet le 14 mars que « la prise d'anti-inflammatoire (ibuprofène, cortisone…) pourrait être un facteur d'aggravation de l'infection », confirmant ainsi une information qui circulait auprès des médecins et sur les réseaux sociaux. Le ministre rappelle qu'en cas de fièvre, le seul traitement adapté reste le paracétamol, en faisant attention à ne pas dépasser les doses maximales journalières à savoir ne pas dépasser la dose de 60 mg/kg/jours et de 3 g par jour. En effet des cas de patients jeunes dans un état grave après avoir pris des anti-inflammatoires non stéroïdiens (AINS) ont été rapportés. Ces derniers seraient à l'origine d'une baisse des défenses immunitaires. Les médicaments contenant de l'ibuprofène : Nurofen®, Advil®, Antarene®, Spedifen®, Upfen

Les médicaments contenant de la cortisone : Prednisone® et Cortancyl®

Attention : si vous êtes atteint d'une maladie chronique et que l'un de ces médicaments vous a été prescrits par un médecin, ne les arrêtez pas sans avis médical. Son origine : une contamination animale. Le pangolin possible hôte intermédiaire du coronavirus © 123 RF – Rahmat Nugroho

Le SARS-CoV-2 appartient à la famille des coronavirus (comptant un grand nombre de virus) qui peut provoquer des maladies bénignes chez l'homme comme un rhume et des pathologies plus graves comme le SRAS. La contamination est d'origine animale.

L'épidémie est partie d'un marché local du Wuhan en Chine où étaient vendus des animaux sauvages. Actuellement, on ne sait toujours pas avec certitude quel animal en est responsable. Il pourrait s'agir de la chauve-souris où a été détecté un virus très proche du Sars-CoV-2. Le 7 février 2020, des scientifiques de l'Université d'agriculture du sud de la Chine ont identifié le pangolin comme un « possible hôte intermédiaire » soupçonné d'avoir transmis le coronavirus à l'homme. Ce petit mammifère consommé dans le sud de la Chine pourrait être impliqué comme hôte intermédiaire entre la chauve-souris et l'homme. Le pangolin est un mammifère couvert d'écailles menacé d'extinction, dont la chair délicate est très prisée dans la gastronomie chinoise et vietnamienne. Dans un communiqué, les scientifiques expliquent qu'un animal peut être porteur d'un virus sans pour autant être malade et le transmettre à d'autres espèces comme l'homme.

Après l'analyse de 1 000 échantillons, les scientifiques ont pu montrer que les génomes de séquences de virus prélevés sur les pangolins étaient à 99 % identiques aux virus retrouvés sur des personnes atteintes du nCoV, indique Chine Nouvelle. Rappelons que lors de l'épidémie de Sras de 2002-2003, l'hôte intermédiaire du virus était la civette, un petit animal au pelage gris dont la viande est consommée en Chine. La chauve-souris a, elle aussi, été à l'origine de transmission de virus à l'homme dont le Sras, le MERS en Arabie Saoudite mais aussi Ebola. Symptômes : fièvre, diarrhée, urticaire…

Contrairement à la grippe qui s'installe brutalement, une infection par le coronavirus « se fait progressivement sur plusieurs jours » indique l'Institut Pasteur. Des malades rapportent des symptômes qui apparaissent sur une semaine et un temps de guérison assez long. « Dans plus de 80 % des cas, les signes sont tout à fait mineurs. Ce sont des angines ou des rhinopharyngites » indiquait le Pr Karine Lacombe, cheffe de service des maladies infectieuses à l'hôpital Saint-Antoine à Paris, lors d'un point de presse à la télévision le 28 mars 2020.

* Symptômes du coronavirus : fièvre, urticaire… et parfois rien.

Signes de gravité

L'OMS distingue plusieurs syndromes cliniques associés au SARS-CoV-2 : la maladie non compliquée, la pneumonie non sévère, la pneumonie sévère, le SDRA (syndrome de détresse respiratoire aigüe), le sepsis et le choc septique. Dans les cas les plus graves de Covid-19, qui nécessitent une prise en charge médicale : des signes respiratoires (difficultés à respirer pouvant conduire à un syndrome de détresse respiratoire aiguë c'est-à-dire une défaillance des fonctions respiratoires).

Chez les enfants : toux ou difficultés respiratoires associées à l'un des signes suivants : cyanose, détresse respiratoire aiguë (geignement), signes de pneumonie avec un signe d'alarme : prise de boisson ou allaitement impossible, perte de connaissance ou convulsions.

Personnes les plus à risque

Les personnes les plus à risque de développer une forme grave d'infection au coronavirus :

* personnes âgées de 70 ans et plus (même si les patients entre 50 ans et 70 ans doivent être surveillés de façon plus rapprochée) ;

* patients présentant une insuffisance rénale chronique dialysée, insuffisance cardiaque stade NYHA III ou IV

* les malades atteints de cirrhose au stade B au moins

* les patients aux antécédents (ATCD) cardio-vasculaires : hypertension artérielle, ATCD d'accident vasculaire cérébral ou de coronaropathie, chirurgie cardiaque ;

* les diabétiques insulinodépendants ou présentant des complications secondaires à leur pathologie (micro ou macro angiopathie) ;

* les insuffisances respiratoires chroniques sous oxygénothérapie ou asthme ou mucoviscidose ou toute pathologie chronique respiratoire susceptible de décompenser lors d'une infection virale ;

Les personnes avec une immunodépression :

* médicamenteuses : chimiothérapie anti cancéreuse, immunosuppresseur, biothérapie et/ou une corticothérapie à dose immunosuppressive,

* infection à VIH non contrôlé avec des CD4 <200/mn3

* consécutive à une greffe d'organe solide ou de cellules souche hématopoïétiques,

* atteint d'hémopathie maligne en cours de traitement,

* présentant un cancer métastasé.

Les femmes enceintes à partir du 3e trimestre

Les personnes présentant une obésité morbide (indice de masse corporelle > 40kg/m2 : par analogie avec la grippe A(H1N1)

Comme pour beaucoup de maladies infectieuses, les personnes ayant des comorbidités, souffrant de maladies chroniques (hypertension, diabète), les personnes âgées (plus de 70 ans), immunodéprimées ou fragiles présentent un risque plus élevé. Dans les cas plus sévères, la maladie peut entraîner un décès.

Le coronavirus chez l'enfant

Les enfants et les adolescents sont beaucoup moins souvent atteints de formes symptomatiques : ceux de moins 10 ans représentent 1 % des cas, ceux de 10 à 19 ans 1 % des 72 314 cas chinois décrits par Wu dans une étude publiée dans le Jama le 24 février 2020. Cette particularité est partagée avec l'infection à MERS-CoV et la grippe.

Coronavirus et bébé : quels risques pour les enfants, quels symptômes ?

Le coronavirus chez la femme enceinte

Deux publications sur Covid-19 concernent les femmes enceintes. L'une publiée dans le Lancet porte sur 9 femmes, âgées de 26 à 40 ans, avec infection documentée à SARS-CoV-2 au troisième trimestre de grossesse et aucune comorbidité. Elle n'a pas montré de gravité particulière de l'infection en fin de grossesse et d'une transmission au foetus. L'autre concerne aussi 9 femmes enceintes (dont 1 grossesse gémellaire) et rapporte l'absence de différence dans la présentation clinique de l'infection.

*Pendant la grossesse, le coronavirus ne se transmet pas au fœtus

INCUBATION DU VIRUS

La durée pour guérir du Covid-19 n'est pas vraiment fixée. Selon le Dr Gérald Kierzek, « au bout d'une quinzaine de jours quand on a des symptômes bénins. La guérison est spontanée sauf quand il y a une forme grave et qu'on se retrouve en réanimation où on a besoin d'oxygène, où on a une pneumonie et là on a besoin d'avoir des médicaments. Les malades de réanimation restent longtemps hospitalisés, c'est plus de 20 jours ».

Pour les patients Covid-19 ne nécessitant pas d'hospitalisation et qui doivent donc rester confinés à domicile, le Haut conseil de la santé publique précise les critères de levée de confinement à savoir : une disparition de la fièvre et d'une éventuelle dyspnée à partir du 8e jour après le début des symptômes. Il est également recommandé de porter un masque pendant 7 jours après cette guérison en cas de contact avec une personne à risques.

La mutation du virus Sars-CoV-2

Selon les dernières données scientifiques, il existerait deux souches circulantes du virus (L et S).

* La souche S serait plus ancienne que la souche Elle-même. À ce stade, rien ne permet de confirmer si la mutation a eu lieu chez l'homme ou chez les hôtes intermédiaires (animal).

* La souche L serait la souche circulante la plus sévère et la plus fréquente (70 % des échantillons testés dans l'étude), tandis que la souche S serait moins agressive et moins fréquente (30 % des échantillons).

« Grâce aux moyens de détection et aux mesures de lutte contre le coronavirus, la circulation de la souche L, plus sévère et donc plus facilement détectable, tend à diminuer » indique le gouvernement sur son site. Ce virus peut muter même si comme le souligne le Dr Gérard Kierzek « depuis décembre il n'a pas muté ». Avant de rappeler que si la mutation du virus inquiète, elle n'est pas forcément plus dangereuse pour l'homme : « la mutation peut aller dans les deux sens, vers plus de virulence ou moins de virulence, plus de contagiosité, moins de contagiosité. »

La durée moyenne d'incubation est de 4 jours avec une durée maximale de 12 à 14 jours. Contagion : un malade contamine facilement 2 à 3 personnes.

La particularité du nouveau coronavirus, en comparaison au SRAS, au virus Mers ou à celui de la grippe, c'est sa forte contagion. « Le coronavirus du SRAS n'était contagieux que quelques jours après le début des symptômes, 4 jours après. Ce qui laissait le temps de diagnostic et d'isoler les malades avant qu'ils aient contaminé d'autres personnes. Avec le SRAS, tous les malades avaient des formes sévères donc ils étaient tous identifiés, on ne passait pas à côté de formes bénignes qui auraient pu être inaperçues. Avec ce coronavirus, la contagion commence avec le début des symptômes et parfois chez des gens qui n'ont pas de symptômes » a expliqué le Pr Arnaud Fontanet, épidémiologiste à l'Institut Pasteur lors d'une table ronde au Sénat le 26 février 2020.

→ Un virus plus contagieux que la grippe : la transmissibilité du SARS-CoV-2 est supérieure à celle de la grippe saisonnière. Le RO (nombre moyen de personnes auxquelles un malade risque de transmettre la maladie) se situe entre 2 et 3, quand il n'est que d'1 pour la grippe saisonnière. Le nouveau coronavirus serait particulièrement très contagieux car il est nouveau et que la population française n'y a jamais été confrontée.

Test de dépistage du Covid-19

Un test de diagnostic développé par le centre national de référence des virus respiratoires (Institut Pasteur) est disponible en France pour diagnostiquer une infection par ce nouveau coronavirus. Il est réalisé actuellement par une technique de laboratoire spécifique sur un écouvillonnage nasopharyngé dont le résultat peut être obtenu généralement en 4 heures. Aucun test commercial n'est disponible. Il y a :

* un prélèvement systématique des voies respiratoires hautes (naso-pharyngé /écouvillons Virocult® ou aspirations)

* un prélèvement des voies respiratoires basses (crachats, LBA, ATB) en cas d'atteinte parenchymateuse.

La France devrait proposer dans les semaines à venir des tests sérologiques recherchant la présence d'anticorps du Covid-19 dans le sang. L'objectif est d'évaluer le nombre de personnes qui ont pu rencontrer ce virus et être immunisées.

* Test coronavirus : PCR, sérologique, salivaire en 30 minutes

Traitements : médicaments donnés aux malades, médicaments à éviter

Aucun traitement n'a prouvé sa totale efficacité pour combattre le SARS-CoV-2. De nombreux essais cliniques testant l'efficacité de médicaments contre le coronavirus sont en cours et recensés par l'OMS.

* Dans les formes légères de la maladie qui ne nécessitent pas d'hospitalisation : en cas de fièvre, il est conseillé de prendre du paracétamol et non des anti-inflammatoires qui peuvent faire flamber l'infection. Il faut surveiller l'évolution des symptômes et en cas d'aggravation avec difficultés à respirer, appeler le 15.

A l'hôpital, pour la prise en charge des patients atteints de formes plus graves, deux médicaments sont employés : « Il s'agit du Remdesivir qui avait été développé pour la fièvre hémorragique Ebola (et est réservé aux formes sévères chez les patients Covid-19) et un médicament encore plus ancien, le Ritonavir qui est un médicament anti VIH » indiquait Catherine Leport, infectiologue et membre de la mission Coreb, le 26 février au Sénat.

La chloroquine : Plaquenil

Dérivé de la chloroquine, l'hydroxychloroquine a prouvé son efficacité sur 20 patients atteints du coronavirus et suivis par le Pr Didier Raoult à Marseille. Le 26 mars, cette substance active que l'on retrouve dans le médicament Plaquenil® (médicament initialement indiqué aux patients atteints de maladies chroniques comme le lupus et la polyarthrite rhumatoide) a été autorisée aux patients atteints du coronavirus, selon un décret publié par le Premier ministre Edouard Philippe et le ministre de la Santé Olivier Véran. Sa prescription, dispense et son administration peuvent se faire sous la responsabilité d'un médecin dans les établissements hospitaliers ainsi que, pour la poursuite des traitements des malades à formes graves à domicile. Il en va de même pour le médicament Kaletra® (lopinavir/ritonavir). L'Agence du médicament a, cependant, mis en garde les professionnels de santé et les patients sur les risques cardiaques associés à ces traitements et rappelé qu'il ne fallait pas les utiliser en automédication.

* Chloroquine et coronavirus : quelle efficacité et quels dangers ?

* Ibuprofène, cortisone : médicaments évité en cas de coronavirus

• L'essai Discovery pour tester 4 associations de médicaments

Un grand essai baptisé Discovery est par ailleurs lancé le 22 mars 2020 sur 3200 Européens atteints du coronavirus dont 800 patients français par l'Inserm pour analyser l'efficacité de cinq formules de traitements :

* soins standards

* soins standards plus remdesivir,

* soins standards plus lopinavir et ritonavir,

* soins standards plus lopinavir, ritonavir et interféron beta

* soins standards plus hydroxy-chloroquine.

Cinq hôpitaux français participent au départ (Paris – hôpital Bichat-AP-HP, Lille, Nantes, Strasbourg, Lyon) puis d'autres centres pour arriver au moins à une vingtaine d'établissements participants. En Chine, une vingtaine d'essais cliniques sont en cours pour analyser l'efficacité de cette molécule chez des patients infectés par le SARS-CoV-2. L'hydroxycholoroquine (analogue de la chloroquine) utilisée dans le traitement de la polyarthrite rhumatoïde et du lupus fait également l'objet de deux essais en Chine dans la maladie COVID-19. Par ailleurs, une antibiothérapie est mise en place en cas de pneumonies.

Un virus qui se transmet surtout par les gouttelettes

Le nouveau coronavirus se transmet entre les humains essentiellement par la salive, les gouttelettes (toux, éternuements), par contacts rapprochés avec des malades (poignées de main…). Il peut aussi se transmettre par des surfaces contaminées (les coronavirus survivent jusqu'à 3 heures sur des surfaces inertes sèches et jusqu'à 6 jours en milieu humide). Un lavage de mains régulier (toutes les heures environ) et le port de masques participent à la réduction de la transmission du virus. « Pour ralentir la progression du virus dans la population, il nous faut donc éviter au maximum toute proximité et tout contact avec autrui, installer une barrière virtuelle entre les individus, se référer scrupuleusement aux consignes de gestes-barrière : confinement chez soi, respect de la distance entre les individus, lavage fréquent des mains au savon ou au gel hydro-alcoolique. C'est l'unique façon à ce jour de lutter individuellement contre la progression de l'épidémie. C'est notre devoir de le faire », prévient le Dr Patrick Aubé, médecin généraliste.

Transmission via les selles

Comme l'indique le Haut conseil de la santé Publique dans un Avis rendu le 5 mars « le SARS-CoV-2 peut-être retrouvé dans les liquides biologiques dont les selles. Toutefois, le caractère infectieux du virus détecté dans les selles chez certains cas n'est pas avéré et le risque de transmission fécale n'a pas été documenté ».

Transmission par les animaux

À l'heure actuelle, rien ne prouve que les animaux domestiques comme les chiens et les chats puissent propager le virus et/ou être infectés par l'homme.

Coronavirus et animal : des précautions dans le doute d'une transmission

Transmission par l'eau : A ce jour, il n'a pas été rapporté de contamination par l'eau. « Cette maladie est à transmission respiratoire et probablement de l'animal à l'homme, mais la source n'est pas encore identifiée » explique le gouvernement français.

PRIORITES

Le Covid-19 est une maladie très contagieuse. En l'absence de traitements vraiment efficaces pour la contrer, la prévention consiste à respecter plusieurs gestes barrières.

* Conseils pour se protéger du coronavirus : hygiène, masque, gants.

• Vaccin : délai, pistes de travail…

Dès le début de l'épidémie de coronavirus en France, les chercheurs se sont affairés à mettre au point un vaccin contre ce virus très contagieux. Selon l'Agence européenne du médicament (EMA), un tel vaccin ne devrait pas être disponible avant au moins un an. Parmi les pistes envisagées, produire un vaccin à partir de celui de la rougeole ou du BCG (tuberculose).

ANNEXE

Statistique

Nombre de décès dus au coronavirus par pays du monde 9 avril 2020

Publié par E. Moyou, 9 avr. 2020

Cette statistique montre le nombre de personnes décédées à cause du coronavirus (COVID-19) dans le monde au 9 avril 2020, selon le pays. Ainsi, sur un total d'environ 1,5 million d'infections liées au virus dans le monde, 88.630 sont à ce jour décédées, dont 10.869 en France.

Avec 17.669 morts, c'est l'Italie, épicentre européen de l'épidémie, qui dénombre le plus de victimes.

Bien que peu d'informations scientifiques fiables soient actuellement disponibles, le taux de létalité du virus est évalué entre 2 % et 3 %. Par ailleurs, il est rapporté par les professionnels sanitaires que la majorité des victimes du coronavirus COVID-19 étaient âgées (les personnes de plus de 80 ans sont les plus à risque) ou atteintes de pathologies antérieures. Le COVID-19 ne cause donc pas systématiquement la mort des personnes contaminées : en effet, plus de la moitié d'entre elles sont guéries.

Nombre de décès

TOTAL 88.630 (En hausse)

Italie 17.669

États-Unis 14.797

Espagne 14.792

France 10.869

Royaume-Uni 7.097

Iran 3.993

Chine 3.335

Allemagne 2.349

Pays-Bas 2.248

Belgique 2.240

Suisse 895

Brésil 822

Il faudra attendre les premiers indicateurs officiels du premier trimestre 2020 pour commencer à mesurer l'ampleur d'une crise sanitaire inédite. Toutefois, à la lumière de la note du cabinet Riches Flores Research, publiée le 19 mars, voici six graphiques qui esquissent l'impact de la pandémie sur l'économie planétaire.

Le commerce mondial ralentit

Le commerce mondial s'était effondré durant la crise financière de 2008. Il connaissait un rebond depuis 2010, avec une croissance de presque 13 % entre 2010 et 2018. L'année 2019 a été marquée par un ralentissement, les échanges internationaux étant fortement pénalisés par la guerre commerciale entre les États-Unis et la Chine.

Indice du commerce mondial en volume, base 100 en 2010

130

120

110

100

90

80

2008 : Crise financière

des subprimes

2005

2007

2009

2011

2013

2015

2017

2019

Sources : RichesFlores Research, Macrobond

UTILISATION DES MASQUES CHIRURGICAUX

Comment porter correctement un masque chirurgical ?

Pour être efficaces, les masques doivent être correctement utilisés. Pour cela :

· Se laver les mains auparavant

· Placer le masque sur le visage, le bord rigide vers le haut et l'attacher.

· Pincer la barrette nasale avec les deux mains pour l'ajuster au niveau du nez.

· Abaisser le bas du masque sous le menton.

· Une fois ajusté, ne plus toucher le masque avec les mains.

Comment retirer un masque ?

· Après usage, retirer le masque en saisissant par l'arrière les lanières ou les élastiques sans toucher la partie avant du masque.

· Les masques à usage unique doivent être jetés immédiatement après chaque utilisation dans une poubelle munie d'un sac plastique (de préférence avec couvercle et à commande non manuelle) car il n'est pas possible de les décontaminer.

· Se laver les mains ou exercer une friction avec une solution hydro-alcoolique après retrait.

Un masque chirurgical est conçu pour un usage unique. Il doit être changé dès qu'il devient humide et au moins toutes les 4 heures.

L'attention est également attirée sur le fait que les masques ne constituent pas la seule mesure barrière à mettre en place au sein des établissements et dispositifs.

Tous les efforts entrepris jusqu'alors par les équipes des établissements et dispositifs et les personnes accompagnées sont à maintenir rigoureusement, notamment :

· Le lavage des mains régulier,

· tousser dans son coude ou dans un mouchoir à usage unique à jeter après usage,

· Le respect des mesures de distanciation sociale (au moins un mètre entre chaque personne),

· La désinfection des surfaces (sanitaires, poignées de portes, espaces collectifs etc.).

Maladie à coronavirus 2019 (COVID-19) : questions-réponses

L'OMS suit en permanence cette flambée et y fait face. Ces questions-réponses seront actualisées au fur et à mesure que de nouvelles informations seront disponibles sur la COVID-19, son mode de propagation et ses conséquences pour les populations dans le monde. Pour en savoir plus, consultez régulièrement les pages du site de l'OMS consacrées à la COVID-19.

• Qu'est-ce qu'un coronavirus ?

Les coronavirus forment une vaste famille de virus qui peuvent être pathogènes chez l'animal ou chez l'homme. On sait que, chez l'être humain, plusieurs coronavirus peuvent entraîner des infections respiratoires dont les manifestations vont du simple rhume à des maladies plus graves comme le syndrome respiratoire du Moyen-Orient (MERS) et le syndrome respiratoire aigu sévère (SRAS). Le dernier coronavirus qui a été découvert est responsable de la maladie à coronavirus 2019 (COVID-19).

• Qu'est-ce que la COVID-19 ?

La COVID-19 est la maladie infectieuse causée par le dernier coronavirus qui a été découvert. Ce nouveau virus et cette maladie étaient inconnus avant l'apparition de la flambée à Wuhan (Chine) en décembre 2019. La COVID-19 est maintenant pandémique et touche de nombreux pays dans le monde.

• Quels sont les symptômes de la COVID-19 ?

Les symptômes les plus fréquents de la COVID-19 sont la fièvre, la toux sèche et la fatigue.

D'autres symptômes moins courants peuvent également apparaître chez certaines personnes, comme des courbatures et des douleurs, une congestion nasale, des maux de tête, une conjonctivite, des maux de gorge, une diarrhée, une perte du goût ou de l'odorat, une éruption cutanée ou une décoloration des doigts de la main ou du pied. Ces symptômes sont généralement bénins et apparaissent de manière progressive. Certaines personnes, bien qu'infectées, ne présentent que des symptômes très discrets.

La plupart des patients (environ 80 %) guérissent sans qu'il soit nécessaire de les hospitaliser. Environ une personne sur cinq contractant la maladie présente des symptômes graves, notamment des difficultés à respirer. Les personnes plus âgées et celles qui ont d'autres problèmes de santé (hypertension artérielle, problèmes cardiaques ou pulmonaires, diabète ou cancer) ont plus de risque de présenter des symptômes graves. Toutefois, n'importe qui peut contracter la COVID-19 et tomber gravement malade. Les personnes de tout âge qui présentent de la fièvre et/ou une toux associée à des difficultés à respirer/un essoufflement, une douleur/une pression au niveau de la poitrine, ou bien une perte de la parole ou des difficultés à se déplacer doivent consulter un médecin immédiatement. Il est recommandé, dans la mesure du possible, d'appeler le prestataire de soins ou l'établissement de santé au préalable, de sorte que le patient soit dirigé vers le service adapté.

• Que faire en cas de symptômes de la COVID-19 et quand dois-je consulter un médecin ?

En cas de symptômes discrets, par exemple une toux ou une fièvre légère, il n'est généralement pas nécessaire de consulter un médecin. Restez chez vous, isolez-vous et surveillez l'évolution des symptômes. Suivez les instructions nationales en matière d'auto-isolement. Cependant, si vous habitez dans une région où le paludisme ou la dengue sévit, il faut absolument consulter un médecin en cas de fièvre. Quand vous allez dans un établissement de santé, portez un masque, restez à une distance d'au moins un mètre des autres personnes et ne touchez pas les surfaces avec les mains. Aidez les enfants malades à suivre également ces conseils.

En cas de difficultés à respirer ou de douleur/d'oppression dans la poitrine, consultez immédiatement un médecin. Si possible, appelez d'abord votre médecin afin qu'il puisse vous orienter vers l'établissement de santé le plus adapté.

• Comment la COVID-19 se propage-t-elle ?

La COVID-19 est transmise par des personnes porteuses du virus. La maladie se transmet principalement d'une personne à l'autre par le biais de gouttelettes respiratoires expulsées par le nez ou par la bouche lorsqu'une personne malade tousse, éternue ou parle. Ces gouttelettes sont relativement lourdes, ne parcourent pas de grandes distances et tombent rapidement au sol. Il est possible de contracter la COVID-19 en cas d'inhalation de ces gouttelettes.

C'est pourquoi il est important de se tenir à un mètre au moins des autres personnes. Ces gouttelettes peuvent se retrouver sur des objets ou des surfaces autour de la personne malade (tables, poignées de porte et rampes, par exemple). On peut alors contracter la COVID-19 si on touche ces objets ou ces surfaces et si on se touche ensuite les yeux, le nez ou la bouche. Il faut donc se laver régulièrement les mains à l'eau et au savon ou avec une solution hydro alcoolique.

L'OMS examine les travaux de recherche en cours sur la manière dont la COVID-19 se propage et elle continuera à communiquer les résultats actualisés.

• Peut-on contracter la COVID-19 au contact d'une personne qui ne présente aucun symptôme ?

La COVD-19 se propage principalement par les gouttelettes respiratoires expulsées par les personnes qui toussent ou qui ont d'autres symptômes, comme la fièvre ou la fatigue. Beaucoup de personnes atteintes ne présentent que des symptômes discrets. C'est particulièrement vrai aux premiers stades de la maladie. Il est donc possible de contracter la COVID-19 au contact d'une personne qui n'a, par exemple, qu'une toux légère mais qui ne se sent pas malade.

Selon certaines informations, les personnes asymptomatiques pourraient transmettre le virus. On ne sait pas encore à quelle fréquence cela se produit. L'OMS examine les travaux de recherche en cours sur ce point et elle continuera à communiquer des résultats actualisés.

• Comment se protéger et protéger les autres si on ne sait pas qui est infecté ?

Il est important de se laver SYSTÉMATIQUEMENT les mains et de TOUJOURS respecter les règles d'hygiène respiratoire. C'est la meilleure façon de se protéger et de protéger les autres.

Si possible, tenez-vous à au moins un mètre des autres personnes. C'est particulièrement important si la personne la plus proche de vous tousse ou éternue. Comme certaines personnes infectées ne présentent pas de symptômes ou présentent des symptômes discrets, il est préférable de toujours garder une distance physique avec les autres personnes si vous habitez dans une région où le virus de la COVID-19 circule.

• Que faire si j'ai été en contact proche avec quelqu'un qui a la COVID-19 ?

Si vous avez été en contact proche avec quelqu'un qui a la COVID-19, il se peut que vous soyez infecté.

On considère qu'il y a eu contact proche si vous vivez avec une personne malade ou si vous vous êtes trouvé à moins d'un mètre cette personne. Dans ces cas, il est préférable que vous restiez chez vous.

Cependant, si vous habitez dans une région où le paludisme ou la dengue sévit, il faut absolument consulter un médecin en cas de fièvre. Quand vous allez dans un établissement de santé, portez un masque, restez à une distance d'au moins un mètre des autres personnes et ne touchez pas les surfaces avec les mains. Aidez les enfants malades à suivre également ces conseils.

Si vous n'habitez pas dans une région où le paludisme ou la dengue sévit, procédez comme suit :

• Si vous présentez des symptômes, même très discrets, comme une légère fièvre et des douleurs, vous devez vous isoler à votre domicile.

• En présence de symptômes, isolez-vous et surveillez l'évolution de votre état de santé même si vous pensez ne pas avoir été exposé à la COVID-19.

• Il est très important de s'isoler précocement car la probabilité d'infecter d'autres personnes est plus élevée aux premiers stades de la maladie, alors que les symptômes sont discrets.

• Si vous n'avez pas de symptômes mais avez été exposé à une personne infectée, placez-vous en quarantaine pendant 14 jours.

En cas de confirmation de la COVID-19 à l'issue d'un test, isolez-vous pendant 14 jours, même après la disparition des symptômes, à titre de précaution. On ne sait pas encore exactement pendant combien de temps les personnes restent infectieuses après la guérison. Suivez les instructions nationales en matière d'auto-isolement.

• Qu'est-ce que l'auto-isolement ?

L'auto-isolement est une mesure importante que doivent prendre les personnes qui présentent des symptômes de la COVID-19 pour éviter d'infecter d'autres personnes dans leur entourage, y compris les membres de leur famille.

L'auto-isolement consiste, pour une personne qui a de la fièvre, qui tousse ou qui a d'autres symptômes de la COVID-19, à rester à son domicile et à ne pas se rendre sur son lieu de travail, dans son établissement scolaire ou dans les lieux publics. Cet auto-isolement peut être volontaire ou répondre à la recommandation d'un médecin. Cependant, si vous habitez dans une région où le paludisme ou la dengue sévit, il faut absolument consulter un médecin en cas de fièvre. Quand vous allez dans un établissement de santé, portez un masque, restez à une distance d'au moins un mètre des autres personnes et ne touchez pas les surfaces avec les mains. Aidez les enfants malades à suivre également ces conseils.

Si vous n'habitez pas dans une région où le paludisme ou la dengue sévit, procédez comme suit :

Les personnes qui sont gravement malades (qui ont besoin de soins médicaux) ne doivent pas s'isoler de leur propre initiative.

- Installez-vous seul dans une grande pièce bien aérée depuis laquelle vous pouvez accéder facilement à un lavabo pour vous laver les mains et à des toilettes.

- Si c'est impossible, placez chaque lit à un mètre au moins l'un de l'autre.

• Tenez-vous à au moins un mètre des autres personnes, même des membres de votre famille.

• Surveillez quotidiennement l'évolution des symptômes.

• Isolez-vous pendant 14 jours même si vous avez l'impression d'être en bonne santé.

• En cas de difficultés respiratoires, contactez immédiatement votre médecin, en l'appelant d'abord si possible.

• Gardez le moral en restant en contact avec les personnes que vous aimez, par téléphone ou en ligne, et en faisant de l'exercice chez vous.

• Que faire si je n'ai pas de symptômes mais si je pense avoir été exposé à la COVID-19 ? Qu'est-ce que l'auto-quarantaine ?

L'auto-quarantaine consiste, même si vous ne présentez aucun symptôme, à vous mettre à l'écart des autres personnes parce que vous avez été exposé à la COVID-19. Pendant l'auto-quarantaine, vous devez surveiller l'évolution des symptômes. Le but de l'auto-quarantaine est de prévenir la transmission. Comme les personnes qui contractent la COVID-19 peuvent infecter immédiatement d'autres personnes, l'auto-quarantaine permet de prévenir la survenue de certaines infections.

Dans ce cas :

• Installez-vous seul dans une grande pièce bien aérée depuis laquelle vous pouvez accéder facilement à un lavabo pour vous laver les mains et à des toilettes.

• Si c'est impossible, placez chaque lit à un mètre au moins l'un de l'autre.

• Tenez-vous à au moins un mètre des autres personnes, même des membres de votre famille.

• Surveillez quotidiennement l'évolution des symptômes.

• Restez en quarantaine pendant 14 jours même si vous avez l'impression d'être en bonne santé.

• En cas de difficultés respiratoires, contactez immédiatement votre médecin, en l'appelant d'abord si possible.

• Gardez le moral en restant en contact avec les personnes que vous aimez, par téléphone ou en ligne, et en faisant de l'exercice chez vous.

Cependant, si vous habitez dans une région où le paludisme ou la dengue sévit, il faut absolument consulter un médecin en cas de fièvre. Quand vous allez dans un établissement de santé, portez un masque, restez à une distance d'au moins un mètre des autres personnes et ne touchez pas les surfaces avec les mains. Aidez les enfants malades à suivre également ces conseils.

• Quelle est la différence entre l'auto-isolement, l'auto-quarantaine et la distanciation physique ?

La quarantaine consiste à mettre à l'écart les personnes qui ne sont pas malades mais qui ont été exposées à la COVID-19, ou à restreindre leurs activités. Il s'agit d'éviter que la maladie ne se propage au moment où les personnes présentent les premiers symptômes.

L'isolement consiste à mettre à l'écart les personnes qui présentent des symptômes de la COVID-19 et qui peuvent être infectieuses afin d'éviter que la maladie ne se propage.

La distanciation physique consiste à garder physiquement une distance avec les autres personnes. L'OMS recommande de se tenir à au moins un mètre. C'est une mesure générale qui doit être appliquée par chacun, même en l'absence de symptômes ou d'exposition connue à la COVID-19.

• Les enfants ou les adolescents peuvent-ils contracter la COVID-19 ?

Les travaux de recherche montrent que la probabilité de contracter l'infection est la même chez les enfants et les adolescents que dans les autres groupes d'âge et que les enfants et les adolescents peuvent propager la maladie.

Les données disponibles à ce jour semblent indiquer que les enfants et les jeunes adultes risquent moins d'être gravement atteints, mais des cas graves peuvent tout de même survenir dans ces groupes d'âge.

Les enfants et les adultes doivent suivre les mêmes conseils en matière d'auto-quarantaine et d'auto-isolement en cas d'exposition ou de symptômes. Il est particulièrement important que les enfants évitent les contacts avec les personnes âgées et les autres personnes risquant d'être gravement atteintes.

• Comment puis-je me protéger et éviter que la maladie ne se propage ?

Tenez-vous au courant des dernières informations sur la flambée de COVID-19, disponibles sur le site Web de l'OMS et auprès des autorités de santé publique nationales et locales. Des cas de COVID-19 se sont produits dans la plupart des pays et de nombreux pays sont touchés par des flambées. Dans certains pays, les autorités sont parvenues à ralentir la progression de la flambée. Toutefois, l'évolution de la situation est imprévisible et vous devez donc vous tenir régulièrement informé.

Vous pouvez réduire le risque d'être infecté ou de propager la COVID-19 en prenant quelques précautions simples :

• Se laver fréquemment et soigneusement les mains avec une solution hydroalcoolique ou à l'eau et au savon.

o Pourquoi ? Se laver les mains avec une solution hydroalcoolique ou à l'eau et au savon tue le virus s'il est présent sur vos mains.

• Maintenir une distance d'au moins un mètre avec les autres personnes.

o Pourquoi ? Lorsqu'une personne tousse ou éternue, elle expulse par le nez ou par la bouche de petites gouttelettes qui peuvent contenir le virus. Si vous êtes trop près, vous pouvez inhaler ces gouttelettes et donc le virus responsable de la COVID-19 si la personne en est porteuse.

• Éviter les lieux très fréquentés.

o Pourquoi ? Dans les lieux très fréquentés, la probabilité d'être en contact proche avec quelqu'un qui a la COVID-19 est plus élevée et il est plus difficile de maintenir une distance physique d'un mètre.

• Éviter de se toucher les yeux, le nez et la bouche.

o Pourquoi ? Les mains sont en contact avec de nombreuses surfaces qui peuvent être contaminées par le virus. Si vous vous touchez les yeux, le nez ou la bouche, le virus peut pénétrer dans votre organisme et vous infecter.

• Veillez à respecter les règles d'hygiène respiratoire et à ce que les personnes autour de vous en fassent autant. En cas de toux ou d'éternuement, il faut se couvrir la bouche et le nez avec le pli du coude, ou avec un mouchoir et jeter le mouchoir immédiatement après puis se laver les mains.

o Pourquoi ? Les gouttelettes respiratoires propagent des virus. En respectant les règles d'hygiène respiratoire, vous protégez les personnes autour de vous de virus tels que ceux responsables du rhume, de la grippe ou de la COVID-19.

• Si vous avez des symptômes, mêmes bénins (toux, maux de tête, légère fièvre), restez chez vous jusqu'à la guérison. Demandez à quelqu'un de faire les courses pour vous. Si vous devez sortir, portez un masque pour éviter d'infecter d'autres personnes.

o Pourquoi ? En évitant les contacts avec d'autres personnes, vous protégez ces dernières d'une contamination éventuelle par le virus de la COVID-19 et d'autres virus.

• En cas de fièvre, de toux et de dyspnée, consultez un médecin, si possible après l'avoir appelé par téléphone, et suivez les instructions des autorités sanitaires locales.

o Pourquoi ? Ce sont les autorités nationales et locales qui disposent des informations les plus récentes sur la situation dans la région où vous vous trouvez. Si vous l'appelez, votre médecin pourra vous orienter rapidement vers l'établissement de santé le plus adapté. En outre, cela vous protègera et évitera la propagation de virus et d'autres agents infectieux.

• Pour vous informer, consultez des sources fiables, telles que l'OMS et les autorités sanitaires locales et nationales.

o Pourquoi ? Les autorités locales et nationales sont les mieux placées pour vous indiquer comment vous protéger.

• Comment se saluer tout en évitant de contracter la maladie à coronavirus 2019 (COVID-19) ?

Pour éviter de contracter la COVID-19, il vaut mieux éviter les contacts physiques et se saluer par un geste de la main, un hochement de tête ou une inclination.

• Existe-t-il un vaccin, un médicament ou un traitement contre la COVID-19 ?

Certains remèdes occidentaux, traditionnels ou domestiques peuvent apporter du confort et soulager les symptômes de la COVID-19 dans le cas d'une infection bénigne, mais aucune étude n'a permis de démontrer l'efficacité d'un médicament actuel pour prévenir ou traiter la maladie. L'OMS ne recommande de prendre aucun médicament, y compris les antibiotiques, en automédication pour prévenir ou guérir la COVID-19. Cependant, plusieurs essais cliniques de médicaments occidentaux ou traditionnels sont en cours. L'OMS coordonne les efforts pour concevoir des vaccins et des médicaments pour la prévention et le traitement de la COVID-19 et continuera de fournir des informations mises à jour à mesure que les résultats des recherches seront disponibles.

Le meilleur moyen de se protéger et de protéger les autres de la COVID-19 est :

• de se laver les mains souvent et soigneusement ;

• d'éviter de se toucher les yeux, la bouche et le nez ;

• de tousser dans le pli du coude, ou dans un mouchoir à usage unique puis de jeter le mouchoir immédiatement après et de se laver les mains ;

• de garder une distance d'au moins un mètre avec les autres personnes.

• L'OMS recommande-t-elle le port du masque médical pour éviter que la COVID-19 ne se propage ?

Il n'y a actuellement pas assez de données permettant de formuler des recommandations tendant à conseiller ou à déconseiller le port du masque (médical ou autre) aux personnes en bonne santé dans les espaces collectifs. Toutefois, l'OMS étudie activement les connaissances scientifiques au sujet des masques, qui évoluent rapidement, et actualise en permanence ses orientations.

Le port du masque médical est principalement recommandé dans les établissements de soins, mais il peut être envisagé dans d'autres circonstances (voir ci-dessous). Il doit être associé à d'autres mesures essentielles de lutte anti-infectieuse, comme l'hygiène des mains et la distanciation physique.

Soignants

Pourquoi ? Les masques médicaux et les masques de protection respiratoire N95, FFP2 ou équivalents doivent être réservés aux soignants quand ils prennent en charge des patients. En effet, les soignants sont les plus exposés à la COVID-19, car celle-ci se transmet principalement en cas de contact proche avec un cas présumé ou confirmé et son environnement immédiat.

Personnes malades et qui présentent des symptômes de la COVID-19

Pourquoi ? Les personnes malades qui présentent des symptômes bénins (douleurs musculaires, légère toux, maux de gorge ou fatigue) doivent s'isoler à leur domicile et porter un masque médical suivant les recommandations de l'OMS relatives à la prise en charge à domicile des cas présumés de COVID-19. La toux, les éternuements ou le fait de parler peuvent produire des gouttelettes susceptibles de propager l'infection. Ces gouttelettes peuvent atteindre le visage des personnes alentour et se retrouver dans l'environnement proche. Si une personne infectée porte un masque médical alors qu'elle tousse, éternue ou parle, les gens autour d'elle seront plus facilement protégés de l'infection.

Si une personne malade doit se rendre dans un établissement de santé, elle doit porter un masque médical.

Personnes qui prennent en charge à domicile des patients atteints de la COVID-19

Pourquoi ? Les personnes qui s'occupent de patients atteints de la COVID-19 doivent porter un masque médical pour se protéger car les contacts proches, fréquents et prolongés avec ces patients exposent les personnes qui s'en occupent à un risque élevé.

Les décideurs nationaux peuvent aussi choisir de recommander le port du masque médical à certaines personnes en fonction des risques. Cette approche tient compte du but du masque, du risque d'exposition et de la vulnérabilité du porteur, du contexte, de la possibilité de porter le masque et des types de masque envisagés.

• Comment porter correctement un masque médical ?

Si vous choisissez de porter un masque :

1. Avant de mettre un masque, se laver les mains avec une solution hydro alcoolique ou à l'eau et au savon.

2. Vérifier que le masque n'est ni déchiré ni troué.

3. Orienter le masque dans le bon sens (bande métallique vers le haut).

4. Vérifier que la face colorée du masque est placée vers l'extérieur.

5. Placer le masque sur le visage. Pincer la bande métallique ou le bord dur du masque afin qu'il épouse la forme du nez.

6. Tirer le bas du masque pour recouvrir la bouche et le menton.

7. Ne pas toucher le masque pendant que vous le portez.

8. Après usage, retirer le masque en ayant les mains propres, enlever les élastiques de derrière les

oreilles tout en éloignant le masque du visage et des vêtements afin d'éviter de toucher des parties du masque éventuellement contaminées.

9. Ne pas réutiliser le masque. Jeter le masque dans une poubelle fermée immédiatement après usage.

10. Après avoir touché ou jeté le masque, se laver les mains avec une solution hydro alcoolique ou à l'eau et au savon si elles sont visiblement sales.

Sachez qu'il y a une pénurie mondiale de masques médicaux (chirurgicaux et N95). Ces masques doivent être réservés autant que possible aux soignants.

N'oubliez pas que le port du masque ne remplace pas d'autres moyens plus efficaces de se protéger et de protéger les autres de la COVID-19 (se laver fréquemment les mains, tousser dans le pli du coude ou dans un mouchoir et se tenir à une distance d'au moins un mètre des autres personnes). Pour plus d'informations, consultez les mesures de protection essentielles contre le nouveau coronavirus.

Suivez les conseils des autorités sanitaires nationales concernant le port du masque.

- Combien de temps s'écoule entre l'exposition au virus de la COVID-19 et l'apparition des symptômes ?

Le délai qui s'écoule entre l'exposition au virus de la COVID-19 et l'apparition des symptômes est habituellement de cinq à six jours, mais il peut aller d'un à 14 jours.

• Quel est le lien entre la COVID-19 et les animaux ?

La COVID-19 se transmet d'une personne à l'autre.

Nous disposons déjà de beaucoup d'informations sur les autres coronavirus et la plupart de ces types de virus ont une origine animale. Le virus de la COVID-19 (aussi appelé SARS-CoV-2) est nouveau chez l'homme. La source animale éventuelle de la COVID-19 n'a pas encore été confirmée, mais des travaux de recherche sont en cours.

L'OMS continue à suivre les travaux de recherche sur ces sujets et d'autres sujets liés à la COVID-19, et elle publiera des informations actualisées quand de nouveaux résultats seront disponibles.

• Un animal domestique ou autre peut-il me transmettre la COVID-19 ?

Plusieurs chiens et félins (chats domestiques et tigres) en contact avec des humains infestés ont donné des résultats positifs à la COVID-19. Il semblerait en outre que les furets soient sensibles à l'infection. Dans des conditions expérimentales, des chats et des furets ont pu transmettre l'infection à d'autres animaux de la même espèce. Toutefois, rien ne prouve que ces animaux puissent transmettre la maladie à l'homme et ainsi propager la COVID-19, qui se transmet avant tout par les gouttelettes projetées lorsqu'une personne infectée tousse, éternue ou parle.

Le virus a également été détecté chez des visons d'élevage, qui avaient probablement été infectés par des ouvriers agricoles. Dans quelques cas, les visons infectés par l'homme ont transmis le virus à d'autres personnes. Il s'agit des premiers cas signalés de transmission de l'animal à l'homme.

Il est toujours recommandé aux personnes malades de la COVID-19 et aux personnes à risque de limiter leurs contacts avec des animaux. Au moment de manipuler des animaux ou d'en prendre soin, il convient d'appliquer systématiquement des mesures d'hygiène de base, à savoir se laver les mains après avoir manipulé les animaux, leur nourriture ou leurs affaires, et éviter de les embrasser, de se faire lécher et de partager de la nourriture.

Le site web de l'OIE donne plus de recommandations à ce sujet : https://www.oie.int/fr/expertise-scientifique/informations-specifiques-et-recommandations/questions-et-reponses-sur-le-nouveau-coronavirus2019/

L'OMS continue de suivre les dernières études sur ce sujet et sur d'autres thèmes en lien avec la COVID-19 et mettra ces informations à jour à mesure que de nouvelles conclusions sont disponibles.

• Combien de temps le virus survit-il sur les surfaces ?

Le plus important à savoir est que les surfaces peuvent être facilement nettoyées avec un désinfectant ménager courant qui tuera le coronavirus. Des études ont montré que le virus de la COVID-19 peut survivre pendant 72 heures sur le plastique et l'acier inoxydable, moins de quatre heures sur le cuivre et moins de 24 heures sur le carton.

Comme toujours, il faut se laver les mains avec une solution hydro alcoolique ou à l'eau et au savon et éviter de se toucher les yeux, la bouche ou le nez.

• Comment faire ses courses en toute sécurité ?

Quand vous faites vos courses, restez à une distance d'au moins un mètre des autres personnes et évitez de vous toucher les yeux, la bouche et le nez. Si possible, désinfectez les poignées des chariots ou les anses des paniers avant de commencer à faire vos achats. Lavez-vous soigneusement les mains dès que vous rentrez chez vous et après avoir manipulé et rangé les articles que vous avez achetés. Aucun cas confirmé de COVID-19 n'a encore été transmis par les aliments ou les emballages des denrées.

• Comment laver les fruits et légumes ?

Les fruits et légumes sont des éléments importants d'une alimentation saine. Lavez-les comme vous le feriez en temps ordinaire : l'avez-vous d'abord les mains à l'eau et au savon puis lavez soigneusement les fruits et légumes à l'eau claire, en particulier si vous les consommez crus.

• Les antibiotiques sont-ils efficaces pour prévenir ou traiter la COVID-19 ?

Non, les antibiotiques n'agissent pas contre les virus, mais seulement contre les infections bactériennes. La COVID-19 étant due à un virus, les antibiotiques sont inefficaces. Ils ne doivent pas être utilisés comme moyen de prévention ou de traitement de la COVID-19. À l'hôpital, les médecins auront parfois recours à des antibiotiques pour prévenir ou traiter une surinfection bactérienne, qui peut être une complication de la COVID-19 chez les patients gravement atteints. Les antibiotiques doivent être utilisés seulement sur prescription médicale pour traiter une infection bactérienne.

• Puis-je contracter la COVID-19 par contact avec les matières fécales d'une personne malade ?

Les premières investigations semblent indiquer que le virus peut être présent dans les matières fécales dans certains cas mais, à ce jour, aucun cas de transmission oro-fécale de la COVD-19 n'a été rapporté. En outre, il n'y a aujourd'hui aucune donnée prouvant que le virus de la COVID-19 survit dans l'eau ou dans les eaux usées.

L'OMS examine les travaux de recherche en cours sur les modes de propagation de la COVID-19 et elle continuera à publier les nouveaux résultats obtenus sur ce sujet.

• COVID-19 : bibliographie scientifique Mis à jour le jeudi 9 juillet 2020

Retrouvez une liste non-exhaustive des articles académiques et autres communiqués (en français et anglais) parus sur le Covid-19.

01/07/2020

▪ Accelerating Development of SARS-CoV-2 Vaccines – The Role for Controlled Human Infection Models [NEJM]

30/06/2020

▪ Effect of the COVID-19 Pandemic on ST-Segment–Elevation Myocardial Infarction Presentations and In-Hospital Outcomes [CIRCULATION]

29/06/2020

▪ Covid-19 : un dosage sanguin pour prédire le risque de complications vasculaires [INSERM] COVID-19 and Disruptive Modifications to Cardiac Critical Care Delivery [JACC]

▪ Acute Myocardial Injury at Hospital Admission Is Associated With All-Cause Mortality in COVID-19 [JACC]

▪ Multisystem Inflammatory Syndrome in U.S. Children and Adolescents [NEJM]

▪ Childhood Multisystem Inflammatory Syndrome – A New Challenge in the Pandemic [NEJM]

26/06/2020

▪ Editorial Evaluation and Peer Review During a Pandemic [JAMA]

19/06/2020

▪ The potential sudden shift in clinical research and epidemiology of cardiovascular diseases, caused by COVID-19/ L'évolution de la recherche clinique et épidémiologique dans les maladies cardiovasculaires secondaires à l'infection COVID-19 [ACVD]

▪ Association of Angiotensin-Converting Enzyme Inhibitor or Angiotensin Receptor Blocker Use With COVID-19 Diagnosis and Mortality [JAMA]

18/06/2020

▪ National French survey of COVID-19 symptoms in people aged 70 and over [CLINICAL INFECTIOUS DESEAS]

▪ Regulating drugs, medical devices, and diagnostic tests in the European Union : early lessons from the COVID-19 pandemic ? [EHJ]

▪ Expression of Concern : Mehra MR et al. Cardiovascular Disease, Drug Therapy, and Mortality in Covid-19 [NEJM]

▪ ST-Segment Elevation in Patients with Covid-19 – A Case Series [NEJM]

17/06/2020

▪ Genomewide Association Study of Severe Covid-19 with Respiratory Failure [NEJM]

16/06/2020

▪ La maladie coronaire bien traitée n'est pas un facteur de risque de forme sévère de COVID-19 [VIDAL]

▪ JACC : CardioOncology Viewpoints Discuss Challenges in COVID-Related Concerns For Cardio-Oncology Patients [ACC]

▪ Temperature, Humidity, Latitude, and Seasonality of COVID-19 [ACC]

▪ Age-dependent effects in the transmission and control of COVID-19 epidemics [NATURE]

15/06/2020

▪ Comprendre la réponse immunitaire mémoire après le Covid-19 [INSERM]

12/06/2020

▪ Arrêts cardiaques en dehors de l'hôpital pendant le pic de l'épidémie covid-19 : des travaux mettent en évidence l'embolie pulmonaire comme déterminant principal [APHP]

▪ Multimodality Cardiovascular Imaging in the Midst of the COVID-19 Pandemic : Ramping up Safely to a New Normal [JACC] Natural History of Asymptomatic SARS-CoV-2 Infection [NEJM]

▪ New-Onset Diabetes in Covid-19 [NEJM]

11/06/2020

▪ Psychotropes et COVID-19 : quelles interactions ? [VIDAL]

09/06/2020

▪ Clinical benefit of remdesivir in rhesus macaques infected with SARS-CoV-2 [NATURE]

08/06/2020

- Characteristics and outcomes of pregnant women admitted to hospital with confirmed SARS-CoV-2 infection in UK : national population based cohort study [BMJ]

- Restructuring Structural Heart Disease Practice During the COVID-19 Pandemic [JACC]

- COVID-19 and Thrombotic or Thromboembolic Disease : Implications for Prevention, Antithrombotic Therapy, and Follow-Up [JACC]

- Multisystem Inflammatory Syndrome Related to COVID-19 in Previously Healthy Children and Adolescents in New York City [JAMA]

- Clinical Characteristics of 58 Children With a Pediatric Inflammatory Multisystem Syndrome Temporally Associated With SARS-CoV-2 [JAMA]

- The effect of large-scale anti-contagion policies on the COVID-19 pandemic [NATURE]

04/06/2020

- Retraction of Two Published Studies Related to COVID-19 From Lancet and NEJM [ACC]

- Association of hypertension and antihypertensive treatment with COVID-19 mortality : a retrospective observational study [EJH]

- Ischemic Stroke Epidemiology During the COVID-19 Pandemic [STROKE]

03/06/2020

▪ Effect of Convalescent Plasma Therapy on Time to Clinical Improvement in Patients With Severe and Life-threatening COVID-19 [JAMA]

30/05/2020

▪ CT in coronavirus disease 2019 (COVID-19) : a systematic review of chest CT findings in 4410 adult patients [EUROPEAN RADIOLOGY]

29/05/2020

▪ L'endothélite : clé de l'atteinte multiviscérale du SARS-CoV-2 ? [VIDAL]

▪ Résumé de l'article : Association of Blood Pressure Lowering With Incident Dementia or Cognitive Impairment A Systematic Review and Meta-analysis. [SFHTA]

▪ Résumé de l'article : Effects Of ARBs And ACEIs On Virus Infection, Inflammatory Status And Clinical Outcomes In COVID-19 Patients With Hypertension : A Single Center Retrospective Study [SFHTA]

▪ Screening for Covid-19 in Skilled Nursing Facilities [NEMJ]

▪ The Curious Case of the Missing Strokes During the COVID-19 Pandemic [STROKE]

▪ Lancet COVID-19 hydroxychloroquine Study Faces « Data Integrity » Questions [TCTMD]

▪ Anakinra for severe forms of COVID-19 : a cohort study [THE LANCET]

▪ Mortality and pulmonary complications in patients undergoing surgery with perioperative SARS-CoV-2 infection : an international cohort study [THE LANCET]

28/05/2020

▪ Epicardial adipose tissue : fuel for COVID-19-induced cardiac injury ? [EHJ]

▪ Does epicardial fat contribute to COVID-19 myocardial inflammation ? [EHJ]

▪ Excess out-of-hospital deaths during COVID-19 outbreak : evidence of pulmonary embolism as a main determinant [EJHF]

▪ Interview with Dr. Eric Rubin and Dr. Lindsey Baden on new data on remdesivir in Covid-19 [NEJM]

▪ The starting line for COVID-19 vaccine development [THE LANCET]

▪ COVID-19 mortality in patients with cancer on chemotherapy or other anticancer treatments : a prospective cohort study [THE LANCET]

27/05/2020

▪ COVID-19 : physiopathologie d'une maladie à plusieurs visages [LA REVUE DE MEDECINE INTERNE]

▪ Routine Venous Thromboembolism Prophylaxis May Be Inadequate in the Hypercoagulable State of Severe Coronavirus Disease 2019 [CRITICAL CARE MEDECINE]

▪ Decreased Mortality of COVID-19 with Renin-Angiotensin-Aldosterone System Inhibitors Therapy in Patients with Hypertension : A Meta-Analysis [HYPERTENSION]

▪ The Death Throes of Mercy – Our Shared Responsibility When Hospitals Close [NEMJ]

▪ Hospitalization and Mortality among Black Patients and White Patients with Covid-19 [NEJM]

▪ Remdesivir for 5 or 10 Days in Patients with Severe Covid-19 [NEJM]

▪ Where Do the Children Play ? [NEJM]

▪ Hospitalization and Mortality among Black Patients and White Patients with Covid-19 [NEJM]

▪ Out-of-hospital cardiac arrest during the COVID-19 pandemic in Paris, France : a population-based, observational study [THE LANCET]

26/05/2020

▪ Covid-19 : un test rapide de caractérisation de la réponse immune [INSERM]
▪ Un projet de revêtement antiviral contre le Covid-19 [INSERM]
▪ Remdesivir : Published Preliminary Results Show Shorter Recovery in COVID-19 Patients [ACC]
▪ Transcatheter Aortic Valve Replacement in the Coronavirus Disease 2019 (COVID-19) Era [JAHA]
▪ A human neutralizing antibody targets the receptor binding site of SARS-CoV-2 [NATURE]
▪ Human neutralizing antibodies elicited by SARS-CoV-2 infection [NATURE]
▪ More on Neurologic Features in Severe SARS-CoV-2 Infection [NEJM]
▪ More on Neurologic Features in Severe SARS-CoV-2 Infection [NEJM]
▪ « Is It Safe for Me to Go to Work ? » Risk Stratification for Workers during the Covid-19 Pandemic [NEJM]
▪ PCR Spotlight : COVID-19 – How to restart an elective programme in interventional cardiology [PCR ONLINE]
▪ COVID-19 Autopsies Put Endothelial Damage, Angiogenesis in the Spotlight [TCTMD]

25/05/2020

▪ COVID-19 : fin du premier acte ? [VIDAL]
▪ COVID-19 Illness and Heart Failure [JACC]
▪ End-Stage Heart Failure With COVID-19 [JACC]
▪ Heart Failure Editorial Emergencies in the COVID-19 Era [JACC]
▪ African-American COVID-19 Mortality [JACC]
▪ Declines in Hospitalizations for Acute Cardiovascular Conditions During the COVID-19 Pandemic : A Multicenter Tertiary Care Experience [JACC]
▪ Systematic assessment of venous thromboembolism in COVID-19 patients receiving thromboprophylaxis : incidence and role of D-dimer as predictive factors [JOURNAL OF THROMBOSIS AND THROMBOLYSIS]
▪ A Major Advance in Non-COVID-19 ID Research You Might Have Missed [NEJM]
▪ « Relatively Low » Stroke Incidence in COVID-19, but More are Cryptogenic [TCTMD]
▪ Assistance Publique–Hôpitaux de Paris response to the COVID-19 pandemic [THE LANCET]

22/05/2020

▪ Coronavirus : âge, sexe, département… la hausse de la mortalité française en sept graphiques [LE MONDE]

▪ Advocacy in Action : Newest CMS COVID-19 Rule Includes Telehealth Measures Requested By ACC [ACC]

▪ Provided COVID-19 Testing or Treatment for Uninsured Patients ? [ACC]

▪ Clinical features of rheumatic patients infected with COVID-19 in Wuhan, China [BMJ]

▪ Incidence, clinical outcomes, and transmission dynamics of severe coronavirus disease 2019 in California and Washington : prospective cohort study [BMJ]

▪ Convalescent plasma treatment of severe COVID-19 : A matched control study [MEDRXIV]

▪ Serologic responses to SARS-CoV-2 infection among hospital staff with mild disease in eastern France [MEDRXIV]

▪ RAAS inhibitors do not increase the risk of COVID-19 [NATURE]

▪ Remdesivir for the Treatment of Covid-19 – Preliminary Report [NEJM]

▪ Surgery Scheduling in a Crisis [NEJM]

▪ Clinical characteristics and outcomes of inpatients with neurologic disease and COVID-19 in Brescia, Lombardy, Italy [NEUROLOGY]

▪ Hydroxychloroquine or chloroquine with or without a macrolide for treatment of COVID-19 : a multinational registry analysis [THE LANCET]

21/05/2020

▪ Un SDRA finalement comme les autres… [SRLF]
▪ Covid-19 au Maroc : enjeux et défis [REVUE MAROCAINE DE CARDIOLOGIE]
▪ Rationale and design of the PRAETORIAN-COVID trial : A double-blind, placebo-controlled randomized clinical trial with valsartan for PRevention of Acute rEspiraTORy dIstress syndrome in hospitAlized patieNts with SARS-COV-2 Infection Disease [AHJ]
▪ Postmortem Examination of Patients With COVID-19 [JAMA]
▪ Subacute Thyroiditis After SARS-CoV-2 Infection [JCEM]
▪ Individual variation in susceptibility or exposure to SARS-CoV-2 lowers the herd immunity threshold [MEDRXIV]
▪ Interview with Dr. Nicole Lurie on rapid vaccine development, including new tools to facilitate vaccine testing and manufacturing and persistent challenges. [NEJM]
▪ Covid-19, Angiogenesis, and ARDS Endotypes [NEJM]
▪ Pulmonary Vascular Endothelialitis, Thrombosis, and Angiogenesis in Covid-19 [NEJM]
▪ Pulmonary Vascular Endothelialitis, Thrombosis, and Angiogenesis in Covid-19 [NEJM]
▪ Imaging in Neurological Disease of Hospitalized COVID-19 Patients : An Italian Multicenter Retrospective Observational Study [RADIOLOGY]
▪ Even Very Sick Kids Fare Well Despite Kawasaki-Like COVID-19 Symptoms [TCTMD]
▪ No Worse COVID-19 Prognosis With ACE Inhibitors, ARBs : « Living » Review Suggests [TCTMD]

20/05/2020

▪ Eagle's Eye View : COVID-19 Tip of the Week (5/20/20) [ACC]

▪ Targets of T cell responses to SARS-CoV-2 coronavirus in humans with COVID-19 disease and unexposed individuals [CELL]

▪ The dynamics of humoral immune responses following SARS-CoV-2 infection and the potential for reinfection [JOURNAL OF GENERAL VIROLOGY]

▪ Tricuspid longitudinal annular displacement for the assessment of right ventricular systolic dysfunction during prone positioning in COVID-19 patients [JOURNAL OF THE AMERICAN SOCIETY OF ECHOCARDIOGRAPHY]

▪ ASE Statement on the Reintroduction of Echocardiography Services During the COVID-19 Pandemic [JOURNAL OF THE AMERICAN SOCIETY OF ECHOCARDIOGRAPHY]

▪ Transesophageal echocardiography remains essential and safe during prone ventilation for hemodynamic monitoring of COVID-19 patients. [JOURNAL OF THE AMERICAN SOCIETY OF ECHOCARDIOGRAPHY]

▪ How to Discover Antiviral Drugs Quickly [NEJM]

▪ Pandemic as Teacher – Forcing Clinicians to Inhabit the Experience of Serious Illness [NEJM]

▪ Returning to Exercise After Recovery From Coronavirus [THE NEW-YORK TIMES]

▪ Hydroxychloroquine : No Help, Clear Harm in COVID-19 RCT and Cohort Studies [TCTMD]

▪ Individual quarantine versus active monitoring of contacts for the mitigation of COVID-19 : a modeling study [THE LANCET]

▪ A future vaccination campaign against COVID-19 at risk of vaccine hesitancy and politicisation [THE LANCET]

19/05/2020

▪ Coronavirus et Covid-19 [INSERM]

▪ Outcomes in Patients With Hyperglycemia Affected by Covid-19 : Can We Do More on Glycemic Control ? [DIABETES CARE]

▪ Case report of anterior ST-elevation myocardial infarction in a patient with coronavirus disease-2019 [EHJ]

▪ Acute QT interval modifications during hydroxychloroquine-azithromycin treatment in the context of COVID-19 infection [MAYO CLINIC]

▪ Covid-19 Rx : Treatment Simulations [NEJM]

▪ Epidemiology, clinical course, and outcomes of critically ill adults with COVID-19 in New York City : a prospective cohort study [THE LANCET]

18/05/2020

▪ Covid-19 : mieux décrire la protéine Spike pour améliorer le diagnostic et les perspectives vaccinales [INSERM]

▪ HTA – Suivi des patients _ RÉPONSES RAPIDES DANS LE CADRE DU COVID 19 [SFHTA]

▪ Arrhythmic profile and 24-hour QT interval variability in COVID-19 patients treated with Hydroxychloroquine and azithromycin [CARDIOLOGY]

▪ Considerations for Drug Interactions on QTc Interval in Exploratory COVID-19 Treatment [JACC]

▪ Responses of Fellows-in-Training and Early Career Cardiologists to the COVID-19 Pandemic [JACC]

▪ Adapting the Educational Environment for Cardiovascular Fellows-in-Training During the COVID-19 Pandemic [JACC]

▪ Virtual Learning During the COVID-19 Pandemic [JACC]

17/05/2020

▪ Acute heart failure in multisystem inflammatory syndrome in children (MIS-C) in the context of global SARS-CoV-2 pandemic [CIRCULATION]

▪ Does Strictly Limiting Outdoor Activities Help Prevent the Spread of COVID-19 ? A Call for Reason [NEJM]

16/05/2020

▪ Neurological manifestations and neuro-invasive mechanisms of the severe acute respiratory syndrome coronavirus type 2 [EUROPEAN JOURNAL OF NEUROLOGY]

15/05/2020

▪ Covid-19 : à la recherche de biomarqueurs immunitaires [INSERM]
▪ Use of Prone Positioning in Nonintubated Patients With COVID-19 and Hypoxemic Acute Respiratory Failure [JAMA]
▪ Severe Covid-19 [NEJM]
▪ Failing the Test – The Tragic Data Gap Undermining the U.S. Pandemic Response [NEJM]
▪ Repurposing a Pediatric ICU for Adults [NEJM]
▪ Wrong but Useful – What Covid-19 Epidemiologic Models Can and Cannot Tell Us [NEJM]
▪ Compassionate Use of Remdesivir in Covid-19 [NEJM]
▪ Pulmonary fibrosis secondary to COVID-19 : a call to arms ? [THE LANCET]
▪ Tracheostomy in the COVID-19 era : global and multidisciplinary guidance [THE LANCET]

14/05/2020

- Le coronavirus SARS-CoV-2 pourrait « ne jamais disparaître » selon l'OMS [SCIENCES ET AVENIR]
- Des équipes mobiles de l'AP-HP dans les familles pour « casser les chaînes » de contamination [SCIENCES ET AVENIR]
- ACC Raises Additional COVID-19 Policy Solutions [ACC]
- Eagle's Eye View : COVID-19 Tip of the Week (5/14/20) [ACC]
- Pulmonary Arterial Thrombosis in COVID-19 With Fatal Outcome : Results From a Prospective, Single-Center, Clinicopathologic Case Series [ANNALS OF INTERNAL MEDECINE]
- Factors associated with hospital admission and critical illness among 5279 people with coronavirus disease 2019 in New York City : prospective cohort study [BMJ]
- EAPCI Position Statement on Invasive Management of Acute Coronary Syndromes during the COVID-19 pandemic [EJH]
- NYC cardiologist – and COVID-19 survivor – helps Hispanics fight the virus [HEART]
- Fibrinolysis Shutdown Correlates to Thromboembolic Events in Severe COVID-19 Infection [JACS]
- Assessment of Deaths From COVID-19 and From Seasonal Influenza [JAMA]
- Outbreak of Kawasaki disease in children during COVID-19 pandemic : a prospective observational study in Paris, France [MEDRXIV]
- An interpretable mortality prediction model for COVID-19 patients [NATURE]
- Interview with Dr. Marco Vergano on caring for critically ill patients with Covid-19 and resource allocation in the ICU. [NEJM]

- Governor Cuomo Announces New York Has Issued First-in-the-Nation Criteria to Healthcare Professionals Defining COVID-Related Inflammatory Illness in Children [NEW-YORK STATE]
- Latest Kawasaki Series Offers Clues to COVID-19 in Kids as Debate Persists [TCTMD]

13/05/2020

▪ Covid-19 : le CHU de Lille lance un sondage à destination des insuffisants cardiaques [LA VOIX DU NORD]
▪ ACC Letter Designed to Help With Prior Authorizations During COVID-19 Pandemic [ACC]
▪ Continuing versus suspending angiotensin-converting enzyme inhibitors and angiotensin receptor blockers : Impact on adverse outcomes in hospitalized patients with severe acute respiratory syndrome coronavirus 2 (SARS-CoV-2) [AHJ]
▪ Variation in False-Negative Rate of Reverse Transcriptase Polymerase Chain Reaction–Based SARS-CoV-2 Tests by Time Since Exposure [ANNALS OF INTERNAL MEDECINE]
▪ Scope, quality, and inclusivity of clinical guidelines produced early in the covid-19 pandemic : rapid review [BMJ]
▪ Impact of low dose tocilizumab on mortality rate in patients with COVID-19 related pneumonia [EUROPEAN JOURNAL OF INTERNAL MEDECINE]
▪ COVID-19 Complicated by Acute Pulmonary Embolism and Right-Sided Heart Failure [JACC]
▪ Transient Brugada-Like Electrocardiographic Pattern in a Patient With COVID-19 [JACC]
▪ A Game Plan for the Resumption of Sport and Exercise After Coronavirus Disease 2019 (COVID-19) Infection [JAMA]
▪ Multiorgan and Renal Tropism of SARS-CoV-2 [JAMA]
▪ Transmission of SARS-CoV-2 in Domestic Cats [NEJM]
▪ Preventing a Parallel Pandemic – A National Strategy to Protect Clinicians Well-Being [NEJM]
▪ The airborne lifetime of small speech droplets and their potential importance in SARS-CoV-2 transmission [PNAS]

▪ Prehospital Triage of Acute Stroke Patients During the COVID-19 Pandemic [STROKE]

▪ High-Intensity Sport Post-COVID : Expert Advice From Sports Cardiologists [TCTMD]

▪ Severe COVID-19 in Children and Young Adults in the Washington, DC Metropolitan Region [THE JOURNAL OF PEDIATRICS]

▪ An outbreak of severe Kawasaki-like disease at the Italian epicentre of the SARS-CoV-2 epidemic : an observational cohort study [THE LANCET]

12/05/2020

▪ Development and Validation of a Clinical Risk Score to Predict the Occurrence of Critical Illness in Hospitalized Patients With COVID-19 [JAMA]

▪ Characteristics and outcomes of pregnant women hospitalised with confirmed SARS-CoV-2 infection in the UK : a national cohort study using the UK Obstetric Surveillance System (UKOSS) [MEDRXIV]

▪ Estimating excess 1-year mortality associated with the COVID-19 pandemic according to underlying conditions and age : a population-based cohort study [THE LANCET]

11/05/2020

▪ Feature | Challenges For the Cardiovascular Community During the COVID-19 Pandemic [ACC]
▪ NCDR Chest Pain – MI Registry, CathPCI Registry to Collect COVID-19 Data [ACC]
▪ STEMI and COVID-19 : Angiographic Outcomes [ACC]
▪ QT prolongation, torsades de pointes and sudden death with short courses of chloroquine or hydroxychloroquine as used in COVID-19 : a systematic review [HEART RYTHM]
▪ Association of Treatment With Hydroxychloroquine or Azithromycin With In-Hospital Mortality in Patients With COVID-19 in New York State [JAMA]
▪ Characteristics and Outcomes of Children With Coronavirus Disease 2019 (COVID-19) Infection Admitted to US and Canadian Pediatric Intensive Care Units [JAMA]
▪ COVID-19 and Postinfection Immunity [JAMA]
▪ COVID-19 and Racial/Ethnic Disparities [JAMA]
▪ Real-time tracking of self-reported symptoms to predict potential COVID-19 [NATURE]
▪ Abdominal Imaging Findings in COVID-19 : Preliminary Observations [RADIOLOGY]
▪ German COVID-19 Autopsy Data Show Thromboembolism, « Heavy » Lungs [TCTMD]

10/05/2020

▪ Right Ventricular Dilation in Hospitalized Patients with COVID-19 Infection [JACC]

▪ Podcast 266 : Interferon and early treatment in COVID-19 bring good outcomes [NEJM]

09/05/2020

▪ Kidney manifestations of mild, moderate and severe coronavirus disease 2019 : a retrospective cohort study [CKJ]

▪ Liver injury is associated with severe Coronavirus disease 2019 (COVID-19) infection : a systematic review and meta-analysis of retrospective studies [HEPATOLOGY RESEARCH]

▪ Interventions for treatment of COVID-19 : a protocol for a living systematic review with network meta-analysis including individual patient data (The LIVING Project) [SYSTEMATIC REVIEWS]

08/05/2020

▪ Clinical course of severe and critical COVID-19 in hospitalized pregnancies : a US cohort study [AJOG MFM]
▪ Gastrointestinal and Hepatic Manifestations of 2019 Novel Coronavirus Disease in a Large Cohort of Infected Patients From New York : Clinical Implications. [GASTROENTEROLOGY]
▪ Controversial Relationship between Renin-Angiotensin System Inhibitors and Severity of COVID-19 : Announcing a Large Multicentre Case-Control Study in Italy [HYPERTENSION]
▪ Changes in SARS-CoV-2 Positivity Rate in Outpatients in Seattle and Washington State, March 1-April 16, 2020 [JAMA]
▪ Association between Angiotensin Blockade and Incidence of Influenza in the United Kingdom [NEJM]
▪ Suppressing the Epidemic in New South Wales [NEJM]
▪ Collateral Effect of Covid-19 on Stroke Evaluation in the United States [NEJM]
▪ Triple combination of interferon beta-1b, lopinavir–ritonavir, and ribavirin in the treatment of patients admitted to hospital with COVID-19 : an open-label, randomised, phase 2 trial [THE LANCET]

07/05/2020

▪ Tests diagnostiques et tests sérologiques : quel rôle dans la lutte contre la pandémie de Covid-19 ? [INSERM]
▪ Coronavirus : l'essai clinique Discovery englué faute de coopération européenne [LE MONDE]
▪ Francophone CardioParamed Face au COVID [CARDIO PARAMED]
▪ SARS-CoV-2-Induced Immune Dysregulation and Myocardial Injury Risk in China : Insights from the ERS-COVID-19 Study [CIRCULATION RESEARCH]
▪ COVID-19 and the Heart [CIRCULATION RESEARCH]
▪ Clinical Characteristics and Results of Semen Tests Among Men With Coronavirus Disease 2019 [JAMA]
▪ OpenSAFELY : factors associated with COVID-19-related hospital death in the linked electronic health records of 17 million adult NHS patients. [MEDRXIV]
▪ Identification of immune checkpoints in COVID-19 [NATURE]
▪ The Urgency of Care during the Covid-19 Pandemic – Learning as We Go [NEJM]
▪ Observational Study of Hydroxychloroquine in Hospitalized Patients with Covid-19 [NEJM]
▪ Interview with Dr. Eric Rubin and Dr. Lindsey Baden on studying potential Covid-19 therapies [NEJM]
▪ Coronavirus disease 2019 (COVID-19) and cardiovascular risk : A meta-analysis [PROGRESS IN CARDIOVASCULAR DESEASES]

06/05/2020

▪ Remdesivir chez les patients adultes avec une forme grave de COVID-19 : étude randomisée, contrôlée, en double aveugle [SRLF]
▪ ACC Requests COVID-19 Flexibility For CMMI BPCI Program [ACC]
▪ Eagle's Eye View : COVID-19 Tip of the Week (5/6/20) [ACC]
▪ Androgen-deprivation therapies for prostate cancer and risk of infection by SARS-CoV-2 : a population-based study (n=4532)[ANNALS OF ONCOLOGY]
▪ Allocating Scarce Resources and Triaging Patients during the COVID-19 Pandemic [JACC]
▪ CPR in the Covid-19 Era – An Ethical Framework [NEJM]
▪ Once Upon a Time… the Hero Sheltered in Place [NEJM]
▪ Acute Cor Pulmonale in Critically Ill Patients with Covid-19 [NEJM]
▪ Racial Health Disparities and Covid-19 – Caution and Context [NEJM]
▪ Opening Up New Supply Chains [NEJM]
▪ Résumé de : Association of Inpatient Use of Angiotensin Converting Enzyme Inhibitors and Angiotensin II Receptor Blockers with Mortality Among Patients With Hypertension Hospitalized With COVID-19. [SFHTA]
▪ Résumé de : Effects Of ARBs And ACEIs On Virus Infection, Inflammatory Status And Clinical Outcomes In COVID-19 Patients With Hypertension : A Single Center Retrospective Study [SFHTA]
▪ Kawasaki Link to COVID-19 in Kids Probed as UK, New York Issue Alerts [TCTMD]

05/05/2020

▪ Coagulopathie associée à la COVID-19 : les données et les hypothèses s'accumulent [VIDAL]
▪ Formes graves de COVID-19 : l'ANSM autorise l'utilisation de plasma hors essais cliniques [VIDAL]
▪ Deep learning-based multi-view fusion model for screening 2019 novel coronavirus pneumonia : a multicentre study [EUROPEAN JOURNAL OF RADIOLOGY]
▪ Clinicopathological characteristics of 8697 patients with COVID-19 in China : a meta-analysis [FMCH]
▪ Understanding Observational Treatment Comparisons in the Setting of Coronavirus Disease 2019 (COVID-19) [JAMA]
▪ Association of Use of Angiotensin-Converting Enzyme Inhibitors and Angiotensin II Receptor Blockers With Testing Positive for Coronavirus Disease 2019 (COVID-19) [JAMA]
▪ The Incubation Period of Coronavirus Disease 2019 (COVID-19) From Publicly Reported Confirmed Cases : Estimation and Application [ANNALS OF INTERNAL MEDECINE]
▪ Impact of corticosteroid therapy on outcomes of persons with SARS-CoV-2, SARS-CoV, or MERS-CoV infection : a systematic review and meta-analysis [NATURE]
▪ More on Barrier Enclosure during Endotracheal Intubation [NEJM]
▪ Adaptations and Lessons in the Province of Bergamo [NEJM]
▪ A Trial of Lopinavir–Ritonavir in Covid-19 [NEJM]
▪ Lupus Anticoagulant and Abnormal Coagulation Tests in Patients with Covid-19 [NEJM]
▪ Inhibitors of the Renin–Angiotensin–Aldosterone System and Covid-19 [SFHTA]

▪ Many STEMI Patients With COVID-19 have No Obstructed Arteries [TCTMD]

04/05/2020

▪ Covid-19 : cibler les macrophages pour lutter contre le syndrome respiratoire aigu [INSERM]

▪ ACC, Other CV Societies Issue Guide to Safely Resume Cardiovascular Procedures, Diagnostic Tests [ACC]

▪ Identification and characterization of Trajectories of Cardiac Allograft Vasculopathy After Heart Transplantation : A Population Based Study [CIRCULATION]

▪ High risk of thrombosis in patients with severe SARS-CoV-2 infection : a multicenter prospective cohort study [INTENSIVE CARE MEDECINE]

▪ Cardiovascular Considerations for Patients, Health Care Workers, and Health Systems During the COVID-19 Pandemic [JACC]

▪ Effect of non-pharmaceutical interventions to contain COVID-19 in China [NATURE]

▪ Study to Determine Incidence of Novel Coronavirus Infection in U.S. Children Begins [NIH]

▪ RV Strain a Prognostic Marker for Mortality in COVID-19 [TCTMD]

03/05/2020

▪ Management of acute ischemic stroke in patients with COVID-19 infection : Report of an international panel [INTERNATIONAL JOURNAL OF STROKE]

02/05/2020

▪ Centers for Disease Control and Prevention Situation Update [CDC]

▪ Temporary Emergency Guidance to STEMI Systems of Care During the COVID-19 Pandemic : AHA's Mission : Lifeline [CIRCULATION]

01/05/2020

▪ Place des tests sérologiques dans la stratégie de prise en charge de la maladie COVID-19 [HAS]
▪ Acute Physiology and Chronic Health Evaluation II Score as a Predictor of Hospital Mortality in Patients of Coronavirus Disease 2019 [CRITICAL CARE MEDECINE]
▪ Association of Treatment Dose Anticoagulation with In-Hospital Survival Among Hospitalized Patients with COVID-19 [JACC]
▪ Risk of QT Interval Prolongation Associated With Use of Hydroxychloroquine With or Without Concomitant Azithromycin Among Hospitalized Patients Testing Positive for Coronavirus Disease 2019 (COVID-19) [JAMA]
▪ Hydroxychloroquine, Coronavirus Disease 2019, and QT Prolongation [JAMA]
▪ Hydroxychloroquine application is associated with a decreased mortality in critically ill patients with COVID-19 [MEDRXIV]
▪ Neurologists Dust Off Their Stethoscopes, Join COVID Front Lines [MEDSCAPE]
▪ Renin–Angiotensin–Aldosterone System Blockers and the Risk of Covid-19 [NEJM]
▪ Inhibitors of the Renin–Angiotensin–Aldosterone System and Covid-19 [NEJM]
▪ Cardiovascular Disease, Drug Therapy, and Mortality in Covid-19 [NEJM]
▪ Children with Covid-19 in Pediatric Emergency Departments in Italy [NEJM]
▪ Early Detection of Covid-19 through a Citywide Pandemic Surveillance Platform [NEJM]

30/04/2020

▪ Covid-19 : le cœur des jeunes et moins jeunes peut souffrir [DESTINATION SANTÉ]
▪ Diabète : poursuivre ses soins et faire face au COVID-19 [HAS]
▪ CMS Issues Second Interim-Final COVID-19 Rule [ACC]
▪ Clinical course and outcome of 107 patients infected with the novel coronavirus, SARS-CoV-2, discharged from two hospitals in Wuhan, China [CRITICAL CARE]
▪ Current perspectives on Coronavirus 2019 (COVID-19) and cardiovascular disease : A white paper [JAHA]
▪ Clinical and Epidemiological Characteristics of 1,420 European Patients with mild-to-moderate Coronavirus Disease 2019 [JIM]
▪ Clinical Characteristics of Covid-19 [NEJM]
▪ Interview with Dr. Judd Hollander on how health systems can use telemedicine services during the Covid-19 pandemic. [NEJM]
▪ Efficacy and safety of current therapeutic options for COVID-19 – lessons to be learnt from SARS and MERS epidemic : A systematic review and meta-analysis [PHARMACOLOGICAL RESEARCH]
▪ Considering BCG vaccination to reduce the impact of COVID-19 [THE LANCET]
▪ Confirmation of the high cumulative incidence of thrombotic complications in critically ill ICU patients with COVID-19 : An updated analysis [THROMBOSIS RESEARCH]

29/04/2020

▪ Where have the STEMIs gone during COVID-19 lockdown ? [EUROPEAN HEART JOURNAL]

▪ Moving Personal Protective Equipment Into the Community – Face Shields and Containment of COVID-19 [JAMA]

▪ Variation in COVID-19 hospitalizations and Deaths Across New York City Boroughs [JAMA]

▪ The Risks of Prescribing Hydroxychloroquine for Treatment of COVID-19– First, Do No Harm [JAMA

▪ Cutaneous manifestations of COVID-19 : Report of three cases and a review of literature [JOURNAL OF DERMATOLOGICAL SCIENCE]

▪ Acute limb ischemia in patients with COVID-19 pneumonia [JOURNAL OF VASCULAR SURGERY]

▪ A National Medical Response to Crisis – The Legacy of World War II [NEJM]

▪ Out-of-Hospital Cardiac Arrest during the Covid-19 Outbreak in Italy [NEJM]

▪ Remdesivir in adults with severe COVID-19 : a randomised, double-blind, placebo-controlled, multicentre trial [THE LANCET]

28/04/2020

▪ L'hypertension, le système Rénine-Angiotensine et le risque d'infections des voies respiratoires inférieurs et de lésions pulmonaires : implications pour le COVID 19 [SFHTA]
▪ La durée de travail excessive augmente le risque d'HTA masquée et d'HTA permanente [SFHTA]
▪ Covid-19 : l'AP-HP s'appuie sur son entrepôt de données de santé pour suivre l'épidémie et aider la recherche [TIC SANTE]
▪ Cardiac Surgery During COVID-19 : ECMO, Transplants, Elective Cases, and the Future [CTSNET]
▪ Prognostic Value of Right Ventricular Longitudinal Strain in Patients with COVID-19 [JACC]
▪ The race for coronavirus vaccines : a graphical guide [NATURE]
▪ Large-Vessel Stroke as a Presenting Feature of Covid-19 in the Young [NEJM]
▪ Reduced Rate of Hospital Admissions for ACS during Covid-19 Outbreak in Northern Italy [NEJM]
▪ Covid-19 – A Reminder to Reason [NEJM]
▪ Allocating Medical Resources in the Time of Covid-19 [NEJM]
▪ Reduced Rate of Hospital Admissions for ACS during Covid-19 Outbreak in Northern Italy [NEJM]
▪ Large-Vessel Stroke as a Presenting Feature of Covid-19 in the Young [NEJM]

27/04/2020

▪ Quelle place pour l'Optiflow chez les patients Covid+ ? [SRLF]
▪ Tocilizumab improves significantly clinical outcomes of patients with moderate or severe COVID-19 pneumonia [AP-HP]
▪ Prevalence of SARS-CoV-2 Infection in Residents of a Large Homeless Shelter in Boston [JAMA]
▪ COVID-19 and Risks Posed to Personnel During Endotracheal Intubation [JAMA]
▪ The Potential Effects of Coronavirus on National Health Expenditures [JAMA]
▪ Exposure to a Surrogate Measure of Contamination From Simulated Patients by Emergency Department Personnel Wearing Personal Protective Equipment [JAMA]
▪ Society for Cardiovascular Magnetic Resonance (SCMR) guidance for the practice of cardiovascular magnetic resonance during the COVID-19 pandemic [JOURNAL OF CARDIOVASCULAR MAGNETIC RESONANCE]
▪ Leaked Remdesivir Study Information, Tocilizumab and Sarilumab Trials, and the Hazards of Early COVID-19 Research Findings [NEJM]

26/04/2020

Confinement : l'inquiétante recrudescence des pathologies cardiaques aiguës [LE FIGARO]

24/04/2020

▪ Depuis l'épidémie de Covid-19, les cardiologues constatent une recrudescence de communications interventriculaires et de chocs cardiogéniques [LE QUOTIDIEN DU MEDECIN]
▪ IDE de Réanimation : l'esprit d'équipe face à l'épidémie [SRLF]
▪ Eagle's Eye View : COVID-19 Tip of the Week [ACC]
▪ COVID-19 in solid organ transplant recipients : Initial report from the US epicenter [AMERICAN JOURNAL OF TRANSPLANTATION]
▪ Pulmonary Embolism in COVID-19 Patients : Awareness of an Increased Prevalence [CIRCULATION]
▪ Colchicine Coronavirus SARS-CoV2 Trial (COLCORONA) (COVID-19) [CLINICAL TRIALS]
▪ Effect of High vs Low Doses of Chloroquine Diphosphate as Adjunctive Therapy for Patients Hospitalized With Severe Acute Respiratory Syndrome Coronavirus 2 (SARS-CoV-2) Infection [JAMA]
▪ Rural Matters – Coronavirus and the Navajo Nation [NEJM]
▪ Mild or Moderate Covid-19 [NEJM]
▪ Presymptomatic SARS-CoV-2 Infections and Transmission in a Skilled Nursing Facility [NEJM]
▪ Covid-19 and Kidney Transplantation [NEJM]
▪ Transforming ORs into ICUs [NEJM]
▪ Asymptomatic Transmission, the Achilles » Heel of Current Strategies to Control Covid-19 [NEJM]
▪ Chloroquine and Hydroxychloroquine : Old Drugs in A New COVID-19 World [NEJM]

23/04/2020

▪ The COVID-19 Pandemic : A Global Natural Experiment [CIRCULATION]
▪ Time to consider histologic pattern of lung injury to treat critically ill patients with COVID-19 infection [INTENSIVE CARE MEDECINE]
▪ Association of Renin-Angiotensin System Inhibitors With Severity or Risk of Death in Patients With Hypertension Hospitalized for Coronavirus Disease 2019 (COVID-19) Infection in Wuhan, China [JAMA]
▪ Cluster of COVID-19 in northern France : A retrospective closed cohort study [MEDRXIV]
▪ SARS-CoV-2 entry factors are highly expressed in nasal epithelial cells together with innate immune genes [NATURE]
▪ Audio Interview : Approaches to Covid-19 Vaccines and Antivirals [NEMJ]
▪ Acute Pulmonary Embolism in COVID-19 Patients on CT Angiography and Relationship to D-Dimer Levels [RADIOLOGY]

22/04/2020

- Coronavirus : les hôpitaux français commencent prudemment leur sortie de crise [LE MONDE]
- Covid-19, un grand égalisateur devant la mort ? [TELOS]
- Feature | Thrombosis and COVID-19 : FAQs For Current Practice [ACC]
- Obesity a Risk Factor for Severe COVID-19 Infection : Multiple Potential Mechanisms [CIRCULATION]
- Cardiac Tamponade Secondary to COVID-19 [JACC]
- Alterations in Smell or Taste in Mildly Symptomatic Outpatients With SARS-CoV-2 Infection [JAMA]
- Presenting Characteristics, Comorbidities, and Outcomes Among 5700 Patients Hospitalized With COVID-19 in the New York City Area [JAMA]
- Waiting for Something Positive [NEJM]
- Ruxolitinib for Glucocorticoid-Refractory Acute Graft-versus-Host Disease [NEJM]
- French Pandemic Resistance [NEJM]
- Lessons from CEOs : Health Care Leaders Nationwide Respond to the Covid-19 Crisis [NEJM]
- Late-Onset Neonatal Sepsis in a Patient with Covid-19 [NEJM]
- Structure-based design of antiviral drug candidates targeting the SARS-CoV-2 main protease [SCIENCE]
- How COVID-19 Promotes Thrombosis, Posing Problems for Drug-Drug Interactions [TCTMD]
- High incidence of venous thromboembolic events in anticoagulated severe COVID-19 patients [WILEY]

21/04/2020

▪ COVID-19 : des formations-Actions paramédicales pour faire face à l'urgence [SRLF]
▪ The Obstacle Course of Reperfusion for STEMI in the COVID-19 Pandemics [CIRCULATION]
▪ COVID-19 pandemic – A focused review for clinicians [CLINICAL MICROBIOLOGY AND INFECTION]
▪ Telemedicine for the Cardiothoracic Surgeon During the COVID-19 Pandemic and Beyond [CTSNET]
▪ COVID-19 : the aftermath – Piacenza, Italy [ESC]
▪ ESC Guidance for the Diagnosis and Management of CV Disease during the COVID-19 Pandemic [ESC]
▪ The COVID-19 pandemic emergency and the ethics of research [IACH]
▪ African American COVID-19 Mortality : A Sentinel Event [JACC]
▪ CT imaging features of 4121 patients with COVID-19 : A meta-analysis [JOURNAL OF MEDICAL VIROLOGY]
▪ Outcomes of hydroxychloroquine usage in United States veterans hospitalized with Covid-19 [MEDRXIV]
▪ Prevention and Treatment of Venous Thromboembolism Associated With Coronavirus Disease 2019 Infection : A Consensus Statement Before Guidelines [PUBMED]
▪ A nicotinic hypothesis for Covid-19 with preventive and therapeutic implications [QEIOS]
▪ Hospital-based use of thromboprophylaxis in patients with COVID-19 [THE LANCET]

20/04/2020

▪ L'ACE2 : une épée à double tranchant [CARDIO ONLINE]

▪ Problèmes organisationnels des soins d'urgence pour les cardiologues face à la pandémie COVID-19 : une expérience de première ligne depuis Milan, Italie [CARDIO ONLINE]

▪ ACC Advocates to Congressional Leadership for Fourth COVID-19 Package Priorities [ACC]

▪ ACC, SCAI, ACEP Release Consensus Statement on Management of AMI Patients During COVID-19 [ACC]

▪ Primary and Secondary Prevention of Cardiovascular Disease in the Era of the Coronavirus Pandemic [CIRCULATION]

▪ The Future of Cardiovascular Prevention : Unprecedented Times [CIRCULATION]

▪ State of Health in the EU – France – Profils de santé par pays 2019 [COMMISSION EUROPEENNE]

▪ Psychological support for staff – London, UK [ESC]

▪ Estimating the burden of SARS-CoV-2 in France [HAL]

▪ Management of Acute Myocardial Infarction During the COVID-19 Pandemic [JACC]

▪ Guidance on Protection in the context of COVID-19 [PCR ONLINE]

▪ Safety and immunogenicity of a modified vaccinia virus Ankara vector vaccine candidate for Middle East respiratory syndrome : an open-label, phase 1 trial [THE LANCET]

▪ Endothelial cell infection and endotheliitis in COVID-19 [THE LANCET]

19/04/2020

▪ Profile of RT-PCR for SARS-CoV-2 : a preliminary study from 56 COVID-19 patients [CLINICAL INFECTIOUS DESEASES]
▪ Gratitude Before, During, and After Rounding on COVID-19 Service [NEJM]
▪ Patients with heart attacks, strokes and even appendicitis vanish from hospitals [THE WASHINGTON POST]

18/04/2020

▪ Venous thrombosis and arteriosclerosis obliterans of lower extremities in a very severe patient with 2019 novel coronavirus disease : a case report [JOURNAL OF THROMBOSIS AND THROMBOLYSIS]

17/04/2020

▪ Médicaments antitussifs à base de pholcodine et risque de réaction allergique aux curares dans le contexte de l'épidémie de COVID-19 – Point d'Information [ANSM]
▪ Rôle des SRPR dans la réhabilitation des patients Covid+ [SRLF]
▪ Association of Inpatient Use of Angiotensin Converting Enzyme Inhibitors and Angiotensin II Receptor Blockers with Mortality Among Patients With Hypertension Hospitalized With COVID-19 [CIRCULATION RESEARCH]
▪ The characteristics of household transmission of COVID-19 [CLINICAL INFECTIOUS DESEASES]
▪ Diabetes mellitus is associated with increased mortality and severity of disease in COVID-19 pneumonia – A systematic review, meta-analysis, and meta-regression [DIABETES & METABOLIC SYNDROME : CLINICAL RESEARCH & REVIEWS]
▪ COVID-19 : Current Treatment and Ongoing Trials [ESC]
▪ Chloroquine use as antiviral treatment and the new SARS-CoV-2 [FRONTIERS]
▪ Cardio-oncology Care in the Time of COVID-19 and the Role of Telehealth [JACC]
▪ Symptom Screening at Illness Onset of Health Care Personnel With SARS-CoV-2 Infection in King County, Washington [JAMA]
▪ Masks and Coronavirus Disease 2019 (COVID-19) [JAMA]
▪ The Promise and Peril of Antibody Testing for COVID-19 [JAMA]
▪ COVID-19–Looking Beyond Tomorrow for Health Care and Society [JAMA]
▪ From Mitigation to Containment of the COVID-19 Pandemic [JAMA]

▪ COVID-19 Antibody Seroprevalence in Santa Clara County, California [MEDRXIV]
▪ How to Obtain a Nasopharyngeal Swab Specimen [NEJM]
▪ Clinical Characteristics of Covid-19 in New York City [NEJM]
▪ ST-Segment Elevation in Patients with Covid-19 – A Case Series [NEJM]
▪ Guillain–Barré Syndrome Associated with SARS-CoV-2 [NEJM]
▪ Africa in the Path of Covid-19 [NEJM]
▪ Covid-19 and the Need for Health Care Reform [NEJM]
▪ The Untold Toll – The Pandemic's Effects on Patients without Covid-19 [NEJM]
▪ T-Segment Elevation in Patients with Covid-19 – A Case Series [NEJM]
▪ The Untold Toll – The Pandemic's Effects on Patients without Covid-19 [NEJM]
▪ How does coronavirus kill ? Clinicians trace a ferocious rampage through the body, from brain to toes [SCIENCE]
▪ Cardiac injury is associated with mortality and critically ill pneumonia in COVID-19 : A meta-analysis [THE AMERICAN JOURNAL OF EMERGENCY MEDECINE]

16/04/2020

- First successful treatment of COVID-19 induced refractory cardiogenic plus vasoplegic shock by combination of pVAD and ECMO – a case report [ASAIO JOURNAL]
- Comprendre les spécificités du Covid-19 chez les enfants [INSERM]
- Liste des projets de recherche impliquant la personne humaine (à visée thérapeutique ou non thérapeutique) sur le COVID19 autorisés ou en cours d'instruction [MINISTERE DE LA SANTE]
- COVID-19 – Point épidémiologique hebdomadaire [SANTE PUBLIQUE FRANCE]
- Antiplatelet Therapy Following Percutaneous Coronary Intervention in Patients Complicated by COVID-19 : Implications from Clinical Features to Pathological Findings [CIRCULATION]
- Description and Proposed Management of the Acute COVID-19 Cardiovascular Syndrome [CIRCULATION]
- Amiodarone as a possible therapy for coronavirus infection [EAPC]
- Decline of acute coronary syndrome admissions in Austria since the outbreak of COVID-19 : the pandemic response causes cardiac collateral damage [EUROPEAN HEART JOURNAL]
- The effect of corticosteroid treatment on patients with coronavirus infection : a systematic review and meta-analysis [JOURNAL OF INFECTION]
- Audio Interview : Caring for Patients with Covid-19 [NEJM]
- Not a Perfect Storm – Covid-19 and the Importance of Language [NEJM]
- Wearing face masks in the community during the COVID-19 pandemic : altruism and solidarity [THE LANCET]

15/04/2020

▪ Impact cardiovasculaire au sens large de la pandémie COVID-19 [CARDIO ONLINE]
▪ Cardiac Critical Care Delivery Modifications During COVID-19 Pandemic [ACC]
▪ Rapid Detection of COVID-19 Causative Virus (SARS-CoV-2) in Human Nasopharyngeal Swab Specimens Using Field-Effect Transistor-Based Biosensor [ACS NANO]
▪ Cell type-specific expression of the putative SARS-CoV-2 receptor ACE2 in human hearts [ESC]
▪ Routine cardiotoxicity echo screening for chemotherapy patients during COVID-19 [ESC]
▪ Disruptive Modifications to Cardiac Critical Care Delivery During the Covid-19 Pandemic : An International Perspective [JACC]
▪ Clinical Implications of SARS-Cov2 Interaction with Renin Angiotensin System [JACC]
▪ COVID-19 and Thrombotic or Thromboembolic Disease : Implications for Prevention, Antithrombotic Therapy, and Follow-up [JACC]
▪ Temporal dynamics in viral shedding and transmissibility of COVID-19 [NATURE]
▪ Podcast 263 : Checking in with Connecticut and Michigan on medicine after COVID-19 [NEJM]
▪ Droplets and Aerosols in the Transmission of SARS-CoV-2 [NEJM]
▪ Death from Covid-19 of 23 health Care Workers in China [NEJM]
▪ Visualizing Speech-Generated Oral Fluid Droplets with Laser Light Scattering [NEJM]
▪ Neurologic Features in Severe SARS-CoV-2 Infection [NEJM]
▪ From a Sprint to a Marathon in Hong Kong [NEJM]

▪ Immune Thrombocytopenic Purpura in a Patient with Covid-19 [NEJM]

14/04/2020

▪ COVID-19 et maladies cardiovasculaires [FONDATION CŒUR & RECHERCHE]

▪ Vers des anticorps thérapeutiques contre le Covid-19 [INSERM]

▪ Maladies chroniques et Covid-19 : neuf fiches par pathologie pour garantir la prise en charge [LE QUOTIDIEN DU MEDECIN]

▪ COVID-19 : how to use and interpret lung ultrasound [ESC]

▪ Saliva is a reliable tool to detect SARS-CoV-2 [JOURNAL OF INFECTION]

▪ No evidence of clinical efficacy of hydroxychloroquine in patients hospitalized for COVID-19 infection with oxygen requirement : results of a study using routinely collected data to emulate a target trial [MEDRXIV]

▪ Drug Evaluation during the Covid-19 Pandemic [NEJM]

▪ Spread of SARS-CoV-2 in the Icelandic Population [NEJM]

▪ Not Dying Alone – Modern Compassionate Care in the Covid-19 Pandemic [NEJM]

13/04/2020

▪ Les multiples visages cardiovasculaires du Covid-19 [LE MONDE]
▪ NCDR, ACC Accreditation Services Respond to COVID-19 Pandemic [ACC]
▪ Children With COVID-19 May Not Show Symptoms, Still Spread Disease to Others [ACC]
▪ Reperfusion of STEMI in the COVID-19 Era – Business as Usual ? [CIRCULATION]
▪ COVID | Updates from the Front Lines | Paris [CIRCULATION]
▪ COVID-19 Clinical Trials : A Primer for the Cardiovascular and Cardio-Oncology Communities [JACC]
▪ Modified Routine Cardiac Imaging Surveillance of Adult Cancer Patients and Survivors during the COVID-19 Pandemic [JACC]
▪ Oncology Practice During the COVID-19 Pandemic [JAMA]
▪ Pharmacologic Treatments for Coronavirus Disease 2019 (COVID-19) [JAMA]
▪ Stability and Viability of SARS-CoV-2 [NEJM]
▪ Staying Ahead of the Wave [NEJM]
▪ Universal Screening for SARS-CoV-2 in Women Admitted for Delivery [NEJM]
▪ STEMI management in the context of Covid-19 : Thrombolysis [PCR ONLINE]
▪ Is COVID-19 an Endothelial Disease ? Clinical and Basic Evidence [PREPRINTS]

12/04/2020

▪ Impact attendu du confinement en Île-de-France et stratégies de sortie possibles [EPICX LAB]
▪ The impact of 2019 novel coronavirus on heart injury : A systemic review and Meta-analysis [PROGRESS IN CARDIOVASCULAR DESEASES]

11/04/2020

▪ Coronavirus : les leçons d'une épidémie [LES ECHOS]
▪ Cluster of coronavirus disease 2019 (Covid-19) in the French Alps, 2020 [CLINICAL INFECTIOUS DESEASES]

10/04/2020

▪ Prise en charge des syndromes d'arythmie héréditaire dans le contexte de COVID-19 [CARDIO ONLINE]
▪ Impact cardiovasculaire au sens large de la pandémie COVID-19 [CARDIO ONLINE]
▪ Médicaments utilisés chez les patients atteints du COVID-19 : une surveillance renforcée des effets indésirables – Point d'information [ANSM]
▪ COVID-19 for the Cardiologist : A Current Review of the Virology, Clinical Epidemiology, Cardiac and Other Clinical Manifestations and Potential Therapeutic Strategies [JACC]
▪ Pulmonary and Cardiac Pathology in Covid-19 : The First Autopsy Series from New Orleans [MEDRXIV]
▪ Compassionate Use of Remdesivir for Patients with Severe Covid-19 [NEJM]
▪ Incidence of thrombotic complications in critically ill ICU patients with COVID-19 [THROMBOSIS RESEARCH]

09/04/2020

▪ Synthese ACE2 et COVID [SOCIETE DE PHYSIOLOGIE]
▪ Will Complement Inhibition be the New Target in Treating COVID-19 Related Systemic Thrombosis ? [CIRCULATION]
▪ Will Complement Inhibition be the New Target in Treating COVID-19 Related Systemic Thrombosis ? [CIRCULATION]

CAPACITY-COVID : a European Registry to determine the role of cardiovascular disease in the COVID-19 pandemic [EJH]
▪ A framework for identifying regional outbreak and spread of COVID-19 from one-minute population-wide surveys [NATURE]
▪ Disease Control, Civil Liberties, and Mass Testing – Calibrating Restrictions during the Covid-19 Pandemic [NEJM]

08/04/2020

- Mise au point sur l'enzyme de conversion de type 2 et les inhibiteurs du système rénine angiotensine aldostérone avec le COVID-19
- Covid-19 et essai clinique Discovery : point d'étape au 7 avril 2020 [INSERM]
- CAT chez les patients sous PPC ou sous VNI suspects de Covid [SFHTA]
- Considerations for Drug Interactions on QTc in Exploratory COVID-19 (Coronavirus Disease 2019) Treatment [CIRCULATION]
- Ventilator therapy in COVID-19 [ESC]
- Keep your immune system in top shape with these tips [HEART]
- COVID-19 : A Lesson in Humility and An Opportunity for Sagacity and Hope [JACC]
- A Bold Response to the COVID-19 Pandemic – Medical Students, National Service, and Public Health [JAMA]
- Sudden and Complete Olfactory Loss Function as a Possible Symptom of COVID-19 [JAMA]
- « We Signed Up for This ! » – Student and Trainee Responses to the Covid-19 Pandemic [NEJM]
- Coagulopathy and Antiphospholipid Antibodies in Patients with Covid-19 [NEJM]
- First-wave COVID-19 transmissibility and severity in China outside Hubei after control measures, and second-wave scenario planning : a modeling impact assessment [THE LANCET]

07/04/2020

▪ SARS-CoV-2 : comprendre comment il se réplique… pour l'en empêcher ! [INSERM]
▪ Recommandations d'experts portant sur la prise en charge en réanimation des patients en période d'épidémie à SARS-CoV2 [SRLF]
▪ Est-il nécessaire de refaire des prélèvements avant de lever l'isolement ? [SRLF]
▪ Le système de santé français est-il à la hauteur ? [TELOS]
▪ NYC Innocence Lost : Cardiology in the COVID-19 Pandemic [CIRCULATION]
▪ Reduction in ST-Segment Elevation Cardiac Catheterization Laboratory Activations in the United States during COVID-19 Pandemic [JACC]
▪ US Public Concerns About the COVID-19 Pandemic From Results of a Survey Given via Social Media [JAMA]
▪ What Other Countries Can Learn From Italy During the COVID-19 Pandemic [JAMA]
▪ Between Scylla and Charybdis – Oncologic Decision Making in the Time of Covid-19 [NEJM]
▪ Age, Complexity, and Crisis – A Prescription for Progress in Pandemic [NEJM]
▪ Covid-19 Message from Milan : Be Ahead of the Curve. You Cannot Wait. [NEJM]

06/04/2020

▪ Quel est l'impact des comorbidités cardiovasculaires et d'une élévation de troponine sur le pronostic des patients infectés par le COVID-19 ? [CARDIO ONLINE]

▪ ACC/SCAI Consensus Document Guides Triage For Structural Heart Disease During COVID-19 Pandemic [ACC]

▪ Initial COVID-19 Affecting Cardiac Patients in China [ACC]

▪ High-Sensitivity Cardiac Troponin Can Be An Ally in the Fight Against COVID-19 [AHA]

▪ SARS-CoV2 : Use of inhibitors of the renin-angiotensin-system in patients with COVID-19 [ESC]

▪ The Imperfect Cytokine Storm : Severe COVID-19 with ARDS in Patient on Durable LVAD Support [JACC]

▪ Spontaneous Coronary Artery Dissection in a Patient with COVID-19 [JACC]

▪ Baseline Characteristics and Outcomes of 1591 Patients Infected With SARS-CoV-2 Admitted to ICUs of the Lombardy Region, Italy [JAMA]

▪ The COVID-19 Pandemic in the US [JAMA]

▪ Sample Pooling as a Strategy to Detect Community Transmission of SARS-CoV-2 [JAMA]

▪ Covid-19 in South Korea – Challenges of Subclinical Manifestations [NEJM]

▪ HIV and ID Observations [NEJM]

05/04/2020

▪ Coviplasm : tester l'efficacité de la transfusion de plasma de patients convalescents du Covid-19 dans le traitement de la maladie [INSERM]

04/04/2020

- Faut-il faire ou non de la VNI chez les patients atteints par le COVID-19 ? [SRLF]
- FDA grants emergency authorization for first rapid antibody test for COVID-19 [MDEDGE]
- Developing antibody tests for SARS-CoV-2 [THE LANCET]

03/04/2020

▪ Covid-19 : dernières nouvelles de l'idf et retour d'expérience sur la sédation des patients ventilés [SRLF]
▪ Quelle gestion des immunosuppresseurs chez les patients greffés rénaux Covid+ ? Retour d'expérience [SRLF]
▪ Practice Made Perfect : What You Need to Know Now About Managing Individuals With COVID-19 [ACC]
▪ The Variety of Cardiovascular Presentations of COVID-19 [AHA]
▪ Substituting Angiotensin-(1-7) to Prevent Lung Damage in SARSCoV2 Infection ? [AHA]
▪ COVID-19 pandemic and cardiac imaging : EACVI recommendations on precautions, indications, prioritization, and protection for patients and healthcare personnel [EJH]
▪ Multi-lead QT Screening is Necessary for QT Measurement : Implications for Management of Patients in the COVID-19 Era [JACC]
▪ Coronavirus Disease 2019 (COVID-19) Infection and Renin Angiotensin System Blockers [JAMA]
▪ The Dilemma of Coronavirus Disease 2019, Aging, and Cardiovascular Disease [JAMA]
▪ The QT Interval in Patients with SARS-CoV-2 Infection Treated with Hydroxychloroquine/Azithromycin [MEDRXIV]
▪ Trending Clinical Topic : SARS-CoV-2 [MEDSCAPE]
▪ Respiratory virus shedding in exhaled breath and efficacy of face masks [NATURE]
▪ Elevated Plasmin (ogen) as a Common Risk Factor for COVID-19 Susceptibility [PHYSIOLOGY]
▪ COVID-19 Drug Candidates May Raise Arrhythmia Risk [TCTMD]

02/04/2020

- IEC/ARAII et infection COVID-19 : Les 7 points clés [CARDIO ONLINE]
- Impact de l'épidémie à COVID-19 sur la prise en charge des infarctus avec sus-décalage du segment ST [CARDIO ONLINE]
- Pandémie Covid-19 et impact sur l'organisation paramédicale en cardiologie interventionnelle [CARDIO PARAMED]
- Quels niveaux de PEEP chez les patients Covid+ ? [SRLF]
- From AIDS to COVID-19 : A Lesson For the Present [ACC]
- Surviving COVID-19 as a patient and a researcher [ESC]
- Enforcement Policy for Face Masks and Respirators During the Coronavirus Disease (COVID-19) Public Health Emergency (Revised) [FDA]
- Triage Considerations for Patients Referred for Structural Heart Disease Intervention During the Coronavirus Disease 2019 (COVID-19) Pandemic : An ACC /SCAI Consensus Statement [JACC]
- Special report : The simulations driving the world's response to COVID-19 [NATURE]
- Is the coronavirus airborne ? Experts can't agree [NATURE]
- Creating a Framework for Conducting Randomized Clinical Trials during Disease Outbreaks [NEJM]
- The Invisible Hand – Medical Care during the Pandemic [NEJM]
- Thinking Globally, Acting Locally – The U.S. Response to Covid-19 [NEJM]
- Covid-19 and Health Care's Digital Revolution [NEJM]
- Audio Interview : Lessons from Covid-19 hotspots [NEJM]
- Hot topics médicaments et COVID19 [SFPT]

▪ Fangcang shelter hospitals : a novel concept for responding to public health emergencies [THE LANCET]

01/04/2020

▪ La pandémie à COVID19 : le point sur la situation au 31 mars 2020 [CARDIO ONLINE]

▪ Traitement curatif, prophylaxie, vaccination : de nombreux essais

▪ Virological assessment of hospitalized patients with COVID-2019 [NATURE]

▪ End-stage Heart Failure with COVID-19 : Strong Evidence of Myocardial Injury by 2019-nCoV [JACC]

▪ Coronavirus Disease 2019 (COVID-19) and Cardiovascular Disease : A Viewpoint on the Potential Influence of Angiotensin-Converting Enzyme Inhibitors/Angiotensin Receptor Blockers on Onset and Severity of Severe Acute Respiratory Syndrome Coronavirus 2 Infection [JAHA]

▪ NICE Issues More Rapid COVID-19 Guidelines [MEDSCAPE]

▪ Temporary Emergency Guidance to US Stroke Centers During the COVID-19 Pandemic [STROKE]

▪ Protected Code Stroke – Hyperacute Stroke Management During the Coronavirus Disease 2019 (COVID-19) Pandemic [STROKE]

▪ COVID-19 pandemic in west Africa [THE LANCET]

31/03/2020

▪ Traitement anticoagulant face à une coagulopathie induite par le sepsis chez les COVID sévère [CARDIO ONLINE]
▪ Organisation des laboratoires de cathétérisme cardiaque pendant la pandémie de Coronavirus, par le Conseil interventionnel de l'American College of Cardiology (ACC) et par la Society for Cardiovascular Angiography and Interventions (SCAI) [CARDIO ONLINE]
▪ Covid-19 : retour sur l'essai Discovery et le traitement au Plaquenil [SRLF]
▪ COVID-19 and Heart Patients (Q&A) [ESC]
▪ Diagnostic Imaging in COVID-19 : Chest X-ray and CT [ESC]
▪ Paying for Medicaid – State Budgets and the Case for Expansion in the Time of Coronavirus [NEJM]
▪ Quantifying SARS-CoV-2 transmission suggests epidemic control with digital contact tracing [SCIENCE]
▪ Challenges and Potential Solutions of Stroke Care During the Coronavirus Disease 2019 (COVID-19) Outbreak [STROKE]
▪ Prediction models for diagnosis and prognosis of covid-19 infection : systematic review and critical appraisal [THE BMJ]

30/03/2020

▪ Recommandations régionales Covid-19 – Doctrine de cardiologie au stade épidémique [ARS Île-de-France]
▪ COVID-19 et IEC/ARAII : quelles sont les preuves ? [CARDIO ONLINE]
▪ L'infection au COVID-19 chez les patients avec maladies cardiovasculaires et cancer [CARDIO ONLINE]
▪ A Rush to Judgment ? Rapid Reporting and Dissemination of Results and Its Consequences Regarding the Use of Hydroxychloroquine for COVID-19 [ANNALS OF INTERNAL MEDECINE]
▪ The ACE2 expression in human heart indicates new potential mechanism of heart injury among patients infected with SARS-CoV-2 [ESC]
▪ Acute pulmonary embolism and COVID-19 pneumonia : a random association [EJH]
▪ Renin–Angiotensin–Aldosterone System Inhibitors in Patients with Covid-19 [NEJM]
▪ Covid-19 in Critically Ill Patients in the Seattle Region – Case Series [NEJM]
▪ Developing Covid-19 Vaccines at Pandemic Speed [NEJM]
▪ Estimates of the severity of coronavirus disease 2019 : a model-based analysis [THE LANCET]

29/03/2020

▪ L'atteinte cardiaque est très fréquente et augmente considérablement la mortalité hospitalière chez les patients COVID-19 [CARDIO ONLINE]
▪ COVID-19 et les syndromes d'arythmie héréditaire. Proposition de prise en charge. (traduction de l'article : « SARS-CoV-2, COVID-19 and inherited arrhythmia syndromes ») [HEART RHYTHM – Article pre press]

28/03/2020

- COVID-19 et IEC/ARAII : quelles sont les preuves ? [CARDIO ONLINE]

27/03/2020

▪ L'infection au COVID-19 chez les patients avec maladies cardiovasculaires et cancer [CARDIO ONLINE]
▪ A War on Two Fronts : Cancer Care in the Time of COVID-19 [ANNALS OF INTERNAL MEDECINE]
▪ CSC Expert Consensus on Principles of Clinical Management of Patients with Severe Emergent Cardiovascular Diseases during the COVID-19 Epidemic [CIRCULATION]
▪ Cardiac complications in COVID-19 : myocarditis [ESC]
▪ Heart Failure Collaboratory Statement on Clinical Trials in the Landscape of COVID-19 [JACC]
▪ Coronavirus Disease 2019 (COVID-19) CT Findings : A Systematic Review and Meta-analysis [JACR]
▪ Cardiac Involvement in a Patient With Coronavirus Disease 2019 (COVID-19) [JAMA]
▪ Association of Coronavirus Disease 2019 (COVID-19) With Myocardial Injury and Mortality [JAMA]
▪ Cardiovascular Implications of Fatal Outcomes of Patients With Coronavirus Disease 2019 (COVID-19) [JAMA]
▪ Potential Effects of Coronaviruses on the Cardiovascular System [JAMA]
▪ Anticoagulant treatment is associated with decreased mortality in severe coronavirus disease 2019 patients with coagulopathy [JHT]
▪ Epidemiology of Covid-19 in a Long-Term Care Facility in King County, Washington [NEJM]
▪ Clinical Characteristics of Covid-19 in China [NEJM]
▪ Clinical and virological data of the first cases of COVID-19 in Europe : a case series [THE LANCET]
▪ Clinical and virological data of the first cases of COVID-19 in Europe : a case series [THE LANCET]

▪ Anticoagulant treatment is associated with decreased mortality in severe coronavirus disease 2019 patients with coagulopathy [WILEY]

26/03/2020

▪ Can SARS-CoV-2 Infection Be Acquired In Utero ? – More Definitive Evidence Is Needed [JAMA]

▪ Management of Critically Ill Adults With COVID-19 [JAMA]

▪ Covid-19 – Navigating the Uncharted [NEJM]

▪ Clinical characteristics of 113 deceased patients with coronavirus disease 2019 : retrospective study [THE BMJ]

25/03/2020

▪ Applying the Lessons of Influenza to Coronavirus During a Time of Uncertainty [AHA]

▪ Critical Organizational Issues for Cardiologists in the COVID-19 Outbreak : A Frontline Experience From Milan, Italy [AHA JOURNALS]

▪ Diagnosing the first COVID-19 patient in Italy – Codogno, Italy [ESC]

▪ An Acute Respiratory Infection Runs Into the Most Common Non communicable Epidemic – COVID-19 and Cardiovascular Diseases [JAMA]

▪ Association of Cardiac Injury With Mortality in Hospitalized Patients With COVID-19 in Wuhan, China [JAMA]

▪ Preserving Clinical Trial Integrity During the Coronavirus Pandemic [JAMA]

▪ Urgent Guidance for Navigating and Circumventing the QTc Prolonging and Torsadogenic – Potential of Possible Pharmacotherapies for COVID-19 [MAYO CLINIC PROCEEDINGS]

▪ Novel Coronavirus and Old Lessons – Preparing the Health System for the Pandemic [NEJM]

▪ Covid-19 : how to be careful with trust and expertise on social media [THE BMJ]

▪ The official French guidelines to protect patients with cancer against SARS-CoV-2 infection [THE LANCET]

▪ Considerations for Cardiac Catheterization Laboratory Procedures During the COVID-19 Pandemic Perspectives from the Society for Cardiovascular Angiography and Interventions Emerging Leader Mentorship (SCAI ELM) Members and Graduates [WILEY]

24/03/2020

▪ COVID-19 et souffrance myocardique : quelle utilité du dosage de troponine et de BNP ? [CARDIO ONLINE]
▪ COVID-19 et système cardiovasculaire [CARDIO ONLINE]
▪ Conférence de presse – Démarrage de l'essai clinique DISCOVERY contre le covid-19 [INSERM]
▪ Evaluating and Testing Persons for Coronavirus Disease 2019 (COVID-19) [CDC]
▪ Cardiothoracic Surgeons in Pandemics : Ethical Considerations [CTSNet]
▪ And the Wave Became a Tsunami – Paris, France [ESC]
▪ COVID-19 and Angiotensin-Converting Enzyme Inhibitors and Angiotensin Receptor Blockers – What Is the Evidence ? [JAMA]
▪ Sixty seconds on… anosmia [THE BMJ]

23/03/2020

▪ Montreal Heart Institute launches clinical study into potential COVID-19 treatment [CBC]

▪ Exploring personal protection during high-risk PCI in a COVID-19 patient – Impella CP mechanical support during ULMCA bifurcation stenting [JACC]

▪ Case-Fatality Rate and Characteristics of Patients Dying in Relation to COVID-19 in Italy [JAMA]

▪ Hypothesis : angiotensin-converting enzyme inhibitors and angiotensin receptor blockers may increase the risk of severe COVID-19 [JTM]

▪ Fair Allocation of Scarce Medical Resources in the Time of Covid-19 [NEJM]

- The Toughest Triage – Allocating Ventilators in a Pandemic [NEJM]
- Cardiac Surgery and the COVID-19 outbreak : what does it mean ? [PCR ONLINE]
- Newsletter spécial Covid-19 du Vidal [VidalNews]

22/03/2020

- Lancement d'un essai clinique européen contre le Covid-19 [INSERM]

21/03/2020

- Coronavirus Disease 2019 (COVID-19) and Cardiovascular Disease [AHA]

20/03/2020

▪ Recommandations régionales Covid-19 – Doctrine de cardiologie au stade épidémique [ARS Île-de-France]
▪ Recommandations pour les patients atteints de maladies cardiaques héréditaires ou rares vis-à-vis du COVID-19 [CARDIOGEN]
▪ COVID-19 : Mise au point sur la place de l'échographie thoracique [Société Française de Radiologie]
▪ SARS-CoV2 : should inhibitors of the renin–angiotensin system be withdrawn in patients with COVID-19 ? [EHJ]
▪ Novel Coronavirus Information Center [ELSEVIER]
▪ Surviving Sepsis Campaign : Guidelines on the Management of Critically Ill Adults with Coronavirus Disease 2019 (COVID-19) [ESICM et SCCM]
▪ Planning and provision of ECMO services for severe ARDS during the COVID-19 pandemic and other outbreaks of emerging infectious diseases [THE LANCET]
▪ Can't Get Tested ? Maybe You're in the Wrong Country [THE NEW YORK TIMES]

19/03/2020

▪ Cardiovascular Considerations for Patients, Health Care Workers, and Health Systems During the Coronavirus Disease 2019 (COVID-19) Pandemic [ACC]

▪ COVID-19 Illness and Heart Failure : A Missing Link ? [JACC]

▪ Viral dynamics in mild and severe cases of COVID-19 [THE LANCET]

18/03/2020

▪ Troponin and BNP Use in COVID-19 [ACC]

▪ Is There a Role For Statin Therapy in Acute Viral Infections ? [ACC]

▪ COVID-19 : An International Perspective [CTS NET]

▪ Coronavirus fulminant myocarditis saved with glucocorticoid and human immunoglobulin [EJH]

▪ The Novel Coronavirus Disease (COVID-19) Threat for Patients with Cardiovascular Disease and Cancer [JACC]

▪ A Trial of Lopinavir–Ritonavir in Adults Hospitalized with Severe Covid-19 [NEJM]

▪ Facing Covid-19 in Italy – Ethics, Logistics, and Therapeutics on the Epidemic's Front Line [NEJM]

▪ COVID-19 Poised to Upend the Cath Lab, ACC and SCAI Say [TCTMD]

17/03/2020

▪ New CPT Code Streamlines COVID-19 Testing in U.S. [ACC]

▪ Chinese Clinical Guidance For COVID-19 Pneumonia Diagnosis and Treatment [ACC]

▪ Randomized Controlled Trial of Losartan for Patients With COVID-19 Requiring Hospitalization [CLINICAL TRIALS]

▪ Cardiovascular Considerations for Patients, Health Care Workers, and Health Systems During the Coronavirus Disease 2019 (COVID-19) Pandemic [JACC]

▪ Aerosol and Surface Stability of SARS-CoV-2 as Compared with SARS-CoV-1 [NEJM]

▪ COVID-19 Should Not Guide Use of ACE Inhibitors/ARBs, Heart Societies Say [TCTMD]

16/03/2020

▪ Web conférence du Pr Philippe Sansonetti – Covid-19 ou la chronique d'une émergence annoncée [COLLÈGE DE FRANCE]

15/03/2020

▪ Catheterization Laboratory Considerations During the Coronavirus (COVID-19) Pandemic : From ACC's Interventional Council and SCAI [JACC]

12/03/2020

▪ ESH Statement on COVID-19 [ESH ONLINE]

▪ COVID-19 and Italy : what next ? [THE LANCET]

11/03/2020

▪ ACR Recommendations for the use of Chest Radiography and Computed Tomography (CT) for Suspected COVID-19 Infection [ACR]

09/03/2020

▪ Comorbidities and multi-organ injuries in the treatment of COVID-19 [THE LANCET]

07/03/2020

▪ COVID-19 : too little, too late ? [THE LANCET]

06/03/2020

▪ How will country-based mitigation measures influence the course of the COVID-19 epidemic ? [THE LANCET]

03/03/2020

▪ Epidemiologic Features and Clinical Course of Patients Infected With SARS-CoV-2 in Singapore [JAMA]

27/02/2020

▪ Positive RT-PCR Test Results in Patients Recovered From COVID-19 [JAMA]

Bibliographie / articles

Approches contextuelles

▪ Philippe Breton, Le culte de l'Internet, une menace pour le lien social ?, La Découverte, 2000

▪ Joëlle Bordet, Les « jeunes de la cité », PUF, 1998

Approches conceptuelles

▪ Tahar Bouhouia, Description et modélisation d'une démarche favorisant une politique par l'émancipation sociale, Cedrea. net, février 2010

▪ Francis Farrugia, La crise du lien social : essai de sociologie critique, L'Harmattan, 1993

▪ Francis Farrugia, Archéologie du pacte social : des fondements éthiques et sociopolitiques de la société moderne, L'Harmattan, 1994

▪ Francis Farrugia, La construction de l'homme social. Essai sur la démocratie disciplinaire, Syllepse, 2005

▪ Pierre Bouvier, Le lien social, Gallimard, 2005

▪ Pierre-Yves Cusset, Individualisme et lien social, La documentation française, no 911, avril 2005

▪ Serge Paugam, Le lien social, PUF, Que sais-je ?, no 3780, 2008

▪ Marcel Robin, Connaître et dynamiser sa commune : Étudier la vie locale – Créer du lien social, Chronique Sociale, 2001

A lire :

▪ « La peste noire, une catastrophe naturelle ? », Jean-Philippe Genet, L'Histoire n°86, janvier-février 2020.

▪ Peste noire : « La plus grande épidémie de l'histoire », Stéphane Barry, Norbert Gualde, L'Histoire n°310, juin 2006.

▪ « Grippe espagnole : Le tueur que l'on n'attendait pas », Claude Quétel, L'Histoire n°449, juillet-août 2018.

▪ « La grippe espagnole submerge la France », Pierre Darmon, L'Histoire n°281, novembre 2003.

▪ « Quand le choléra frappait l'Europe », Patrice Bourdelais, L'Histoire n°145, juin 1991.

▪ « En quarantaine au Frioul… », Hervé Duchêne, février 2020.

Image illustration created by Melving AMAZAN

Dessin d'art graphique

Table des matières

Achevé d'imprimer en septembre 2020 par LEN S.A.S. – 93400 St Ouen
Dépôt légal : septembre 2020
Imprimé en France

Made in the USA
Monee, IL
08 November 2026

68152837R00121